煤矿特种作业安全培训教材

煤矿瓦斯检查作业

主　编　张泽龙

中国矿业大学出版社
·徐州·

图书在版编目(C I P)数据

煤矿瓦斯检查作业/张泽龙主编. —徐州:中国矿业大学出版社，2024.4

煤矿特种作业安全培训教材

ISBN 978-7-5646-6231-8

Ⅰ. ①煤… Ⅱ. ①张… Ⅲ. ①煤矿—瓦斯监测—安全培训—教材 Ⅳ. ①TD712

中国国家版本馆 CIP 数据核字(2024)第 078655 号

书　　名 煤矿瓦斯检查作业

主　　编 张泽龙

责任编辑 齐　畅

出版发行 中国矿业大学出版社有限责任公司

（江苏省徐州市解放南路　邮编 221008）

营销热线 (0516)83885370　83884103

出版服务 (0516)83995789　83884920

网　　址 http://www.cumtp.com　**E-mail**:cumtpvip@cumtp.com

印　　刷 徐州中矿大印发科技有限公司

开　　本 850 mm×1168 mm　1/32　**印张** 7.625　**字数** 205 千字

版次印次 2024 年 4 月第 1 版　2024 年 4 月第 1 次印刷

定　　价 32.00 元

《煤矿特种作业安全培训教材》编写委员会

主　任　张晓彻

副主任　张　伟　刘　斌

成　员　乔小东　王丰奕　张泽龙　余争虎
魏文亮　肖　明　申正旺　王柯颖
李　阳　思瑞生　蔡小玲　刘　帅
段建伟

前　言

本书是新时期煤矿特种作业安全培训系列教材编纂工作的前期成果。

党的十八大、特别是党的二十大以来，面对煤矿安全生产工作出现的新情况、新问题，为推进煤矿安全工作高质量发展，贯彻落实习近平总书记关于安全生产重要论述及党中央国务院关于煤矿安全生产系列指导性文件，在更高水平上服务于新时期煤矿安全生产工作，我们联系有关院校、企业和科技支撑单位的人员筹划编写了本系列教材。

本系列教材编写采取模块化结构，主要由具有共性的煤矿安全生产常识和各特种作业类别专业知识两部分组成，以便相关单位有针对性地组织教学，从而有效提高煤矿特种作业从业人员的专业化水平。在内容上，本系列教材力求条理明确、逻辑清晰，教学、自学皆宜。

本系列教材在编写调研期间，得到了陕西省煤矿安全生产主管部门、各煤矿企业和煤矿安全培训机构的大力指导、帮助和支持，在此我们表示衷心的感谢。

由于作者水平有限，难免有不妥之处，敬请读者批评指正。

作　者

目　录

第一章　安全生产法律法规及煤矿安全管理…………………… 1
　第一节　煤矿安全生产方针………………………………………… 1
　第二节　法律基础知识及煤矿常见违法行为…………………… 3
　第三节　安全生产法律法规………………………………………… 8
　第四节　煤矿从业人员的权利和义务 ………………………… 24
　第五节　煤矿安全管理制度 …………………………………… 28
　第六节　劳动保护 ……………………………………………… 32

第二章　安全生产技术 ……………………………………………… 40
　第一节　煤矿地质基本知识 …………………………………… 40
　第二节　煤矿开采基本知识 …………………………………… 48

第三章　煤矿主要灾害事故防治 ………………………………… 65
　第一节　瓦斯事故及防治 ……………………………………… 65
　第二节　水害事故及防治 ……………………………………… 69
　第三节　矿尘爆炸事故及防治 ………………………………… 73
　第四节　顶板事故及防治 ……………………………………… 79
　第五节　火灾事故及防治 ……………………………………… 84
　第六节　爆破事故及防治 ……………………………………… 89

第四章　瓦斯检查作业的职业特殊性 …………………………… 94
　第一节　煤矿作业特点 ………………………………………… 94
　第二节　煤矿瓦斯检查工在防治煤矿灾害中的

重要作用 ………………………………………… 96
第三节　煤矿瓦斯检查工的职业道德和安全职责 ……… 96

第五章　职业病防治 ………………………………… 99
第一节　煤矿粉尘及常见职业病 …………………… 99
第二节　煤矿职业危害防治及劳动者职业健康
方面的权利………………………………………… 101

第六章　自救互救与安全避险……………………… 104
第一节　煤矿安全避险"六大系统"…………………… 104
第二节　自救与互救………………………………… 106
第三节　现场急救…………………………………… 119

第七章　矿井通风…………………………………… 132
第一节　矿井通风的基本任务……………………… 132
第二节　矿井空气及安全标准……………………… 132
第三节　矿井通风系统……………………………… 142
第四节　矿井反风…………………………………… 148
第五节　掘进通风…………………………………… 149

第八章　矿井瓦斯防治……………………………… 154
第一节　矿井瓦斯等级及等级鉴定………………… 154
第二节　瓦斯抽采系统……………………………… 155

第九章　矿井瓦斯的检查与管理…………………… 159
第一节　瓦斯检查方法……………………………… 159
第二节　矿井瓦斯管理……………………………… 169
第三节　排放瓦斯的方法…………………………… 178

第四节　巷道贯通管理…………………………………… 181

第十章　瓦斯检测仪器及其使用……………………………… 183
第一节　光学瓦斯检定器……………………………………… 183
第二节　便携式瓦斯检测仪…………………………………… 189
第三节　便携式测氧仪与一氧化碳检测仪………………… 192

第十一章　煤矿监测监控系统……………………………… 201
第一节　矿井监测监控系统的组成及功能………………… 201
第二节　煤矿监测监控系统传感器的设置………………… 204

第十二章　瓦斯检查安全操作……………………………… 213

第十三章　煤矿瓦斯爆炸事故案例分析…………………… 226
事故案例一　某煤矿"2・22"特别重大瓦斯爆炸事故…… 226
事故案例二　某煤矿"11・28"特别重大瓦斯
爆炸事故………………………………… 228
事故案例三　某煤矿"11・4"较大煤与瓦斯突出事故…… 230
事故案例四　某煤矿立井"6・5"较大煤与瓦斯突出
涉险事故………………………………… 232

第一章　安全生产法律法规及煤矿安全管理

第一节　煤矿安全生产方针

一、安全生产方针的内容

安全生产，是指在社会生产活动中，通过人、机、物、环境的和谐运作，使生产过程中潜在的各种事故风险和伤害因素始终处于有效控制状态，切实保护劳动者的生命安全和身体健康。安全生产方针是国家对安全生产工作总的要求，是安全生产工作的指导思想和行为准则。我国长期坚持“安全第一、预防为主、综合治理”的安全生产方针。这个方针是我国党和政府根据工作的实际情况，逐步总结出来的。多年来的实践证明，我国的安全生产方针是完全正确的。根据这一方针，国家制定了一系列安全生产的政策、法令、法规和规程，安全生产工作取得了巨大的成就。

“安全第一”是指强调安全，强调人的生命与健康高于一切，安全优先，以人为本，把安全放在一切工作的首位。煤矿企业要树立红线意识，落实“不安全不生产，隐患不排除不生产，安全措施不落实不生产”的原则，井下从业人员要珍惜自身生命健康，保持随时、随地安全生产的习惯，杜绝侥幸心理，实现自主保安、相互保安。

“预防为主”是指实现安全生产的主要工作在于预防，把安全生产工作的关口前移，超前防范，通过预防工作及时把各类事故消灭在萌芽之中。一切隐患都是可以消除的，一切事故都是可以预防的。煤矿企业要建立隐患排查、事故预防机制，采取有效的事前控制措施，保证安全生产。井下作业人员要自觉执行作业规程和操作规程，严格遵守劳动纪律，搞好安全生产。

“综合治理”是指综合运用各种手段，包括加强安全生产管理，保证安全生产投入，加强安全生产教育培训，做好业务保安、科技兴安工作，充分发挥各方面的安全监督作用，从而保证安全生产。“综合治理”要求做到全方位、全过程、全员管理；重视科学技术对煤矿安全的重要支撑作用，提高煤矿生产机械化、自动化、信息化、智能化水平。“综合治理”是安全生产工作的重心所在，是保证安全管理目标实现的重要途径。

“安全第一、预防为主、综合治理”的安全生产方针是一个有机统一的整体。安全第一是目的，是预防为主、综合治理的统帅和灵魂，没有安全第一的思想，预防为主就失去了思想支撑，综合治理就失去了整治依据。预防为主是实现安全第一的根本途径。只有把安全生产的重点放在建立事故隐患预防体系上，超前防范，才能有效减少事故发生，实现安全第一。综合治理是落实安全第一、预防为主的手段和方法。只有不断健全和完善综合治理工作机制，才能有效贯彻安全生产方针，真正把安全第一、预防为主落到实处，实现安全生产。

2023 年，《中共中央办公厅 国务院办公厅关于进一步加强矿山安全生产工作的意见》印发。该意见是经党中央、国务院同意印发的矿山安全生产领域纲领性文件，充分体现了以习近平同志为核心的党中央对矿山安全生产工作的高度重视。该意见指出，矿山安全生产事关人民群众生命财产安全，事关经济发展和社会稳定大局，是安全生产的重中之重。为深入贯彻党的二十大精神，进一步加强矿山安全生产工作，该意见提出严格矿山安全生产准入、推进矿山转型升级、防范化解重大安全风险、强化企业主体责任、落实地方党政领导责任和部门监管监察责任、推进矿山安全依法治理、强化组织实施等七个方面共二十四条意见。

二、安全生产方针对于井下一般从业人员的要求

(1) 牢固树立“安全第一”的思想，不安全不生产。

(2) 遵守班组安全管理制度，学法、知法、守法，树立依法进行煤矿安全生产作业的意识。

(3) 遵纪守规，杜绝“三违”(违章指挥、违章作业、违反劳动纪律)现象。

(4) 遵守本工种质量标准化标准，按照安全操作规程作业，做到操作标准化。

(5) 参加安全生产培训，掌握煤矿安全知识和实际操作技能。

(6) 做好劳动保护，避免职业伤害。

(7) 工作中随时检查自己所处的作业环境，做到自主保安和相互保安。

(8) 树立安全意识，实现由“要我安全”向“我要安全”和“我能安全”的转变。

第二节　法律基础知识及煤矿常见违法行为

法律是由国家制定或认可的、由国家强制力保障实施的、反映统治阶级意志的行为规范的总和。

一、法律基础知识

(一) 违法

1. 违法的概念

违法是指不履行法定义务或做出法律禁止的行为；也就是行为人违反法律规定，从而给社会造成危害，有过错的行为。

2. 违法构成

(1) 必须是一种行为。

(2) 必须是侵犯了客体。

(3) 违法的主体必须是有责任能力的人或法人。

(4) 必须是行为者主观上出于故意或过失。

3. 违法分类

(1) 刑事违法:构成犯罪。

(2) 民事违法:违犯《中华人民共和国民法典》(简称《民法典》)等。

(3) 行政违法:违犯行政管理法规。

(4) 违犯《中华人民共和国宪法》(简称《宪法》)。

4. 法律责任

法律责任是指违法者对其违法行为所造成的对社会和受害者的危害应承担的法律后果。

5. 法律制裁

法律制裁是指特定的国家机关对责任主体依其所负的法律责任而实施的惩罚性或保护性强制措施。

(1) 刑事制裁。

刑事制裁是指触犯了刑事法律,国家对刑事违法者给予的法律制裁。这是法律制裁中最为严厉的一种,包括主刑和附加刑。主刑分为管制、拘役、有期徒刑、无期徒刑、死刑;附加刑有罚金、剥夺政治权利、没收财产等。主刑、附加刑可单独使用,也可一并使用。

(2) 民事制裁。

民事制裁是指国家对民事违法者,根据其应承担的法律责任给予的强制性制裁。民事制裁主要有停止侵害、返还财产、赔偿损失、消除影响和恢复名誉、赔礼道歉等。

(3) 行政制裁。

行政制裁是指国家机关或企事业单位对违反法律、法规并应追究其行政责任的违法者给予的制裁。行政制裁包括行政处罚和行政处分两种。

① 行政处罚。它是由国家特定的行政机关对行政违法但又构不成犯罪的单位和个人给予的一种制裁,其形式有警告、罚款、

没收非法财产、责令改正、责令停产整顿、责令停产、吊销执照或许可证等。

② 行政处分。它是指国家机关和企事业单位对其工作人员和职工的违法、违纪和违章所进行的处分，其形式有警告、记过、记大过、降级、降职、撤职、留用察看和开除等。

（二）犯罪

1. 犯罪的概念

犯罪是指危害社会、触犯刑律应该受到刑事处罚的行为，也是严重的违法行为。

《中华人民共和国刑法》（简称《刑法》）第十三条规定，一切危害国家主权、领土完整和安全，分裂国家、颠覆人民民主专政的政权和推翻社会主义制度，破坏社会秩序和经济秩序，侵犯国有财产或者劳动群众集体所有的财产，侵犯公民私人所有的财产，侵犯公民的人身权利、民主权利和其他权利，以及其他危害社会的行为，依照法律应当受刑罚处罚的，都是犯罪，但是情节显著轻微危害不大的，不认为是犯罪。

2. 犯罪的分类

根据犯罪的主观心态，犯罪可分为两种：故意犯罪和过失犯罪。

(1) 故意犯罪。

《刑法》第十四条规定，明知自己的行为会发生危害社会的结果，并且希望或者放任这种结果发生，因而构成犯罪的，是故意犯罪。

故意犯罪，应当负刑事责任。

(2) 过失犯罪。

《刑法》第十五条规定，应当预见自己的行为可能发生危害社会的结果，因为疏忽大意而没有预见，或者已经预见而轻信能够避免，以致发生这种结果的，是过失犯罪。

过失犯罪,法律有规定的才负刑事责任。

过失犯罪分为疏忽大意的过失和过于自信的过失。

3. 犯罪特征

(1) 具有社会危害性,这是一切犯罪的客观属性。

(2) 刑事违法性,即违反刑事法律的禁令。

(3) 应受到惩罚性,多数情况下,这是犯罪的必然结果。

二、煤矿生产中常见的违法行为

根据《中华人民共和国安全生产法》(简称《安全生产法》)、《中华人民共和国矿山安全法》(简称《矿山安全法》)、《中华人民共和国煤炭法》(简称《煤炭法》)、《煤矿安全生产条例》等法律法规,煤矿生产中常见的违法行为有很多,列举如下。

(1) 安全设施和条件不符合国家安全标准、行业安全标准、《煤矿安全规程》和行业技术规范。

(2) 未使用专用器材设备,或使用不符合国家安全标准或者行业安全标准的设备、器材、仪器、仪表、防护用品。

(3) 未按规定进行安全教育和培训。

(4) 煤矿作业场所的瓦斯、粉尘或者其他有毒有害气体的浓度超过标准。

(5) 违章指挥、违章作业、违反劳动纪律等。

(6) 对事故预兆或者已发现的事故隐患不及时采取措施。

(7) 拒绝、阻碍煤矿安全监察机构及安全监察人员现场检查,或者提供虚假情况、隐瞒存在的事故隐患。

(8) 超能力、超强度、超定员(“三超”)生产。

此外,从业人员、安全管理人员发现他人违章不制止也属于违法行为。

《刑法》中规定的犯罪行为主要有以下几种。

(1) 重大责任事故罪。

《刑法》第一百三十四条第一款规定,在生产、作业中违反有关安全管理的规定，因而发生重大伤亡事故或者造成其他严重后果的，处三年以下有期徒刑或者拘役；情节特别恶劣的，处三年以上七年以下有期徒刑。

（2）强令、组织他人违章冒险作业罪。

强令他人违章冒险作业，或者明知存在重大事故隐患而不排除，仍冒险组织作业，因而发生重大伤亡事故或者造成其他严重后果的，处五年以下有期徒刑或者拘役；情节特别恶劣的，处五年以上有期徒刑。

（3）危险作业罪。

《刑法》第一百三十四条之一规定，在生产、作业中违反有关安全管理的规定，有下列情形之一，具有发生重大伤亡事故或者其他严重后果的现实危险的，处一年以下有期徒刑、拘役或者管制：

① 关闭、破坏直接关系生产安全的监控、报警、防护、救生设备、设施，或者篡改、隐瞒、销毁其相关数据、信息的；

② 因存在重大事故隐患被依法责令停产停业、停止施工、停止使用有关设备、设施、场所或者立即采取排除危险的整改措施，而拒不执行的；

③ 涉及安全生产的事项未经依法批准或者许可，擅自从事矿山开采、金属冶炼、建筑施工，以及危险物品生产、经营、储存等高度危险的生产作业活动的。

（4）重大劳动安全事故罪。

《刑法》第一百三十五条规定，安全生产设施或者安全生产条件不符合国家规定，因而发生重大伤亡事故或者造成其他严重后果的，对直接负责的主管人员和其他直接责任人员，处三年以下有期徒刑或者拘役；情节特别恶劣的，处三年以上七年以下有期徒刑。

（5）危险物品肇事罪。

《刑法》第一百三十六条规定，违反爆炸性、易燃性、放射性、毒害性、腐蚀性物品的管理规定，在生产、储存、运输、使用中发生重大事故，造成严重后果的，处三年以下有期徒刑或者拘役；后果特别严重的，处三年以上七年以下有期徒刑。

(6) 贻误事故抢救（知情不报、谎报、晚报）罪。

《刑法》第一百三十九条之一规定，在安全事故发生后，负有报告职责的人员不报或者谎报事故情况，贻误事故抢救，情节严重的，处三年以下有期徒刑或者拘役；情节特别严重的，处三年以上七年以下有期徒刑。

第三节　安全生产法律法规

一、我国煤矿安全生产法律法规体系

中华人民共和国成立以来、特别是改革开放以来，我国的立法工作发展较快，煤矿安全生产法律法规体系已经形成，主要有四个层次。

(1) 全国人大及其常务委员会颁布的关于安全生产的法律。

如《中华人民共和国安全生产法》、《中华人民共和国矿山安全法》、《中华人民共和国煤炭法》、《中华人民共和国矿产资源法》(简称《矿产资源法》)、《中华人民共和国劳动法》(简称《劳动法》)、《中华人民共和国职业病防治法》(简称《职业病防治法》)、《中华人民共和国劳动合同法》(简称《劳动合同法》)等。

(2) 国务院颁布的关于安全生产的行政法规。

如《煤矿安全生产条例》《安全生产许可证条例》《煤炭生产许可证管理办法》《国务院关于特大安全事故行政责任追究的规定》《矿山安全法实施条例》《生产安全事故报告和调查处理条例》《关于加强国有重点煤矿安全基础管理的指导意见》《关于加强小煤矿安全基础管理的指导意见》《工伤保险条例》等。

(3) 省（自治区、直辖市）级人民代表大会及其常务委员会颁

布的关于安全生产的地方性法规。

（4）国务院有关部委、地方政府颁布的安全生产的规章和地方政府规章。

如《安全生产违法行为行政处罚办法》《煤矿安全监察行政处罚办法》《煤矿安全培训规定》《煤矿安全规程》等。

二、煤矿安全生产相关法律法规简介

（一）《安全生产法》

《安全生产法》于 2002 年 6 月 29 日第九届全国人民代表大会常务委员会第二十八次会议通过，自 2002 年 11 月 1 日起施行。2009 年 8 月 27 日第一次修正，2014 年 8 月 31 日第二次修正。2021 年 6 月 10 日，根据第十三届全国人民代表大会常务委员会第二十九次会议《关于修改〈中华人民共和国安全生产法〉的决定》第三次修正。这是我国第一部规范安全生产的综合性基础法律。部分条文如下。

第一条规定，为了加强安全生产工作，防止和减少生产安全事故，保障人民群众生命和财产安全，促进经济社会持续健康发展，制定本法。

第三条规定，安全生产工作坚持中国共产党的领导。

安全生产工作应当以人为本，坚持人民至上、生命至上，把保护人民生命安全摆在首位，树牢安全发展理念，坚持安全第一、预防为主、综合治理的方针，从源头上防范化解重大安全风险。

安全生产工作实行管行业必须管安全、管业务必须管安全、管生产经营必须管安全，强化和落实生产经营单位主体责任与政府监管责任，建立生产经营单位负责、职工参与、政府监管、行业自律和社会监督的机制。

第四条规定，生产经营单位必须遵守本法和其他有关安全生产的法律、法规，加强安全生产管理，建立健全全员安全生产责任制和安全生产规章制度，加大对安全生产资金、物资、技术、人员的投入保障力度，改善安全生产条件，加强安全生产标准化、信息化建设，构建安全风险分级管控和隐患排查治理双重预防机制，健全风险防范化解机制，提高安全生产水平，确保安全生产。

平台经济等新兴行业、领域的生产经营单位应当根据本行业、领域的特点，建立健全并落实全员安全生产责任制，加强从业人员安全生产教育和培训，履行本法和其他法律、法规规定的有关安全生产义务。

第六条规定，生产经营单位的从业人员有依法获得安全生产保障的权利，并应当依法履行安全生产方面的义务。

第七条规定，工会依法对安全生产工作进行监督。

生产经营单位的工会依法组织职工参加本单位安全生产工作的民主管理和民主监督，维护职工在安全生产方面的合法权益。生产经营单位制定或者修改有关安全生产的规章制度，应当听取工会的意见。

第十六条规定，国家实行生产安全事故责任追究制度，依照本法和有关法律、法规的规定，追究生产安全事故责任单位和责任人员的法律责任。

第十八条规定，国家鼓励和支持安全生产科学技术研究和安全生产先进技术的推广应用，提高安全生产水平。

第十九条规定，国家对在改善安全生产条件、防止生产安全事故、参加抢险救护等方面取得显著成绩的单位和个人，给予奖励。

第二十条规定，生产经营单位应当具备本法和有关法律、行政法规和国家标准或者行业标准规定的安全生产条件；不具备安全生产条件的，不得从事生产经营活动。

第二十八条规定，生产经营单位应当对从业人员进行安全生产教育和培训，保证从业人员具备必要的安全生产知识，熟悉有关的安全生产规章制度和安全操作规程，掌握本岗位的安全操作技能，了解事故应急处理措施，知悉自身在安全生产方面的权利和义务。未经安全生产教育和培训合格的从业人员，不得上岗作业。

生产经营单位使用被派遣劳动者的，应当将被派遣劳动者纳入本单位从业人员统一管理，对被派遣劳动者进行岗位安全操作规程和安全操作技能的教育和培训。劳务派遣单位应当对被派遣劳动者进行必要的安全生产教育和培训。

生产经营单位接收中等职业学校、高等学校学生实习的，应当对实习学生进行相应的安全生产教育和培训，提供必要的劳动防护用品。学校应当协助生产经营单位对实习学生进行安全生产教育和培训。

生产经营单位应当建立安全生产教育和培训档案，如实记录安全生产教育和培训的时间、内容、参加人员以及考核结果等情况。

第二十九条规定，生产经营单位采用新工艺、新技术、新材料或者使用新设备，必须了解、掌握其安全技术特性，采取有效的安全防护措施，并对从业人员进行专门的安全生产教育和培训。

第三十条规定，生产经营单位的特种作业人员必须按照国家有关规定经专门的安全作业培训，取得相应资格，方可上岗作业。

特种作业人员的范围由国务院应急管理部门会同国务院有关部门确定。

第五十一条规定，生产经营单位必须依法参加工伤保险，为从业人员缴纳保险费。

国家鼓励生产经营单位投保安全生产责任保险；属于国家规定的高危行业、领域的生产经营单位，应当投保安全生产责任保险。具体范围和实施办法由国务院应急管理部门会同国务院财政部门、国务院保险监督管理机构和相关行业主管部门制定。

第六十一条规定，生产经营单位使用被派遣劳动者的，被派遣劳动者享有本法规定的从业人员的权利，并应当履行本法规定的从业人员的义务。

第一百零九条规定，高危行业、领域的生产经营单位未按照国家规定投保安全生产责任保险的，责令限期改正，处五万元以上十万元以下的罚款；逾期未改正的，处十万元以上二十万元以下的罚款。

第一百一十一条规定，有关地方人民政府、负有安全生产监督管理职责的部门，对生产安全事故隐瞒不报、谎报或者迟报的，对直接负责的主管人员和其他直接责任人员依法给予处分；构成犯罪的，依照刑法有关规定追究刑事责任。

第一百一十四条规定，发生生产安全事故，对负有责任的生产经营单位除要求其依法承担相应的赔偿等责任外，由应急管理部门依照下列规定处以罚款：① 发生一般事故的，处三十万元以上一百万元以下的罚款；② 发生较大事故的，处一百万元以上二百万元以下的罚款；③ 发生重大事故的，处二百万元以上一千万元以下的罚款；④ 发生特别重大事故的，处一千万元以上二千万元以下的罚款。

发生生产安全事故，情节特别严重、影响特别恶劣的，应急管理部门可以按照前款罚款数额的二倍以上五倍以下对负有责任的生产经营单位处以罚款。

(二)*《矿山安全法》*

该法于1992年11月7日第七届全国人民代表大会常务委员会第二十八次会议通过，1993年5月1日起施行。根据2009年8月27日第十一届全国人民代表大会常务委员会第十次会议《关于修改部分法律的决定》修正。

1. 立法目的

防止矿山事故，保护矿山职工的人身安全，促进采矿工业健康发展，健全矿山法制。

2. 立法指导思想

坚持保护矿工生命安全的宗旨，从实际出发，做到安全综合管理部门监督与矿山企业主管部门的管理相结合，国家监察和群众监督相结合，建立健全各级生产和管理人员的安全生产责任制。

3. 主要内容

该法共8章50条。有关主要内容如下。

第七条规定，矿山建设工程的安全设施必须和主体工程同时设计、同时施工、同时投入生产和使用。

第九条规定，矿山设计下列项目必须符合矿山安全规程和行业技术规范：① 矿井的通风系统和供风量、风质、风速；② 露天矿的边坡角和台阶的宽度、高度；③ 供电系统；④ 提升、运输系统；⑤ 防水、排水系统和防火、灭火系统；⑥ 防瓦斯系统和防尘系统；⑦ 有关矿山安全的其他项目。

第十八条规定，矿山企业必须对下列危害安全的事故隐患采取预防措施：① 冒顶、片帮、边坡滑落和地表塌陷；② 瓦斯爆炸、煤尘爆炸；③ 冲击地压、瓦斯突出、井喷；④ 地面和井下的火灾、水害；⑤ 爆破器材和爆破作业发生的危害；⑥ 粉尘、有毒有害气体、放射性物质和其他有害物质引起的危害；⑦ 其他危害。

第二十五条规定，矿山企业工会发现企业行政方面违章指挥、强令工人冒险作业或者生产过程中发现明显重大事故隐患和职业危害，有权提出解决的建议；发现危及职工生命安全的情况时，有权向矿山企业行政方面建议组织职工撤离危险现场，矿山企业行政方面必须及时作出处理决定。

第二十六条规定，矿山企业必须对职工进行安全教育、培训；未经安全教育、培训的，不得上岗作业。矿山企业安全生产的特种作业人员必须接受专门培训，经考核合格取得操作资格证书的，方可上岗作业。

第二十七条规定，矿长必须经过考核，具备安全专业知识，具有领导安全生产和处理矿山事故的能力。矿山企业安全工作人员必须具备必要的安全专业知识和矿山安全工作经验。

第四十四条规定，已经投入生产的矿山企业，不具备安全生产条件而强行开采的，由劳动行政主管部门会同管理矿山企业的主管部门责令限期改进；逾期仍不具备安全生产条件的，由劳动行政主管部门提请县级以上人民政府决定责令停产整顿或者由有关主管部门吊销其采矿许可证和营业执照。

（三）《煤炭法》

该法于1996年8月29日第八届全国人民代表大会常务委员会第二十一次会议通过，1996年12月1日起施行。2009年8月27日第一次修正，2011年4月22日第二次修正，2013年6月29日第三次修正。2016年11月7日，根据第十二届全国人民代表大会常务委员会第二十四次会议《关于修改〈中华人民共和国对外贸易法〉等十二部法律的决定》第四次修正。

1. 立法目的

合理开发利用和保护煤炭资源，规范煤炭生产、经营活动，促进和保障煤炭行业的发展。

2. 主要内容

该法共8章81条。相关内容如下。

第三条规定，煤炭资源属于国家所有。地表或者地下的煤炭资源的国家所有权，不因其依附的土地的所有权或者使用权的不同而改变。

第四条规定，国家对煤炭开发实行统一规划、合理布局、综合利用的方针。

第五条规定，国家依法保护煤炭资源，禁止任何乱采、滥挖破坏煤炭资源的行为。

第九条规定，国家鼓励和支持在开发利用煤炭资源过程中采用先进的科学技术和管理方法。

煤矿企业应当加强和改善经营管理，提高劳动生产率和经济效益。

第十一条规定，开发利用煤炭资源，应当遵守有关环境保护的法律、法规,防治污染和其他公害,保护生态环境。

第二十条规定,煤矿投入生产前,煤矿企业应当依照有关安全生产的法律、行政法规的规定取得安全生产许可证。未取得安全生产许可证的,不得从事煤炭生产。

第二十二条规定,开采煤炭资源必须符合煤矿开采规程,遵守合理的开采顺序,达到规定的煤炭资源回采率。

第四十八条规定,任何单位或者个人不得危害煤矿矿区的电力、通讯、水源、交通及其他生产设施。

禁止任何单位和个人扰乱煤矿矿区的生产秩序和工作秩序。

(四)《煤矿安全生产条例》

该条例于2023年12月18日国务院第21次常务会议通过,2024年1月24日中华人民共和国国务院令第774号公布,自2024年5月1日起施行。

1. 条例的意义

该条例共6章76条。是煤矿安全生产领域的一部基础主干法规,全面总结了近年来煤矿安全生产工作经验,是在贯彻新发展理念、推动安全生产工作高质量发展过程中形成的重要立法成果,对煤矿安全生产工作影响深远。该条例的颁布和实施,有利于全面规范煤矿安全生产工作,进一步落实煤矿企业安全生产主体责任,进一步强化监管监察职责,对促进煤矿安全生产形势稳定好转具有重要意义。

2. 相关主要内容

第三条规定,煤矿安全生产工作坚持中国共产党的领导。

煤矿安全生产工作应当以人为本,坚持人民至上、生命至上,把保护人民生命安全摆在首位,贯彻安全发展理念,坚持安全第一、预防为主、综合治理的方针,从源头上防范化解重大安全风险。

煤矿安全生产工作实行管行业必须管安全、管业务必须管安全、管生产经营必须管安全,按照国家监察、地方监管、企业负责,强化和落实安全生产责任。

第四条规定，煤矿企业应当履行安全生产主体责任，加强安全生产管理，建立健全并落实全员安全生产责任制和安全生产规章制度，加大对安全生产资金、物资、技术、人员的投入保障力度，改善安全生产条件，加强安全生产标准化、信息化建设，构建安全风险分级管控和隐患排查治理双重预防机制，健全风险防范化解机制，提高安全生产水平，确保安全生产。

煤矿企业主要负责人（含实际控制人，下同）是本企业安全生产第一责任人，对本企业安全生产工作全面负责。其他负责人对职责范围内的安全生产工作负责。

第九条规定，县级以上人民政府负有煤矿安全生产监督管理职责的部门、国家矿山安全监察机构及其设在地方的矿山安全监察机构应当建立举报制度，公开举报电话、信箱或者电子邮件地址等网络举报平台，受理有关煤矿安全生产的举报并依法及时处理；对需要由其他有关部门进行调查处理的，转交其他有关部门处理。

任何单位和个人对事故隐患或者安全生产违法行为，有权向前款规定的部门和机构举报。举报事项经核查属实的，依法依规给予奖励。

第十条规定，煤矿企业从业人员有依法获得安全生产保障的权利，并应当依法履行安全生产方面的义务。

第十八条规定，煤矿企业主要负责人对本企业安全生产工作负有下列职责：

（1）建立健全并落实全员安全生产责任制，加强安全生产标准化建设；

（2）组织制定并实施安全生产规章制度和作业规程、操作规程；

（3）组织制定并实施安全生产教育和培训计划；

（4）保证安全生产投入的有效实施；

(5) 组织建立并落实安全风险分级管控和隐患排查治理双重预防工作机制，督促、检查安全生产工作，及时消除事故隐患；

(6) 组织制定并实施生产安全事故应急救援预案；

(7) 及时、如实报告煤矿生产安全事故。

第十九条规定，煤矿企业应当设置安全生产管理机构并配备专职安全生产管理人员。安全生产管理机构和安全生产管理人员负有下列安全生产职责：

(1) 组织或者参与拟订安全生产规章制度、作业规程、操作规程和生产安全事故应急救援预案；

(2) 组织或者参与安全生产教育和培训，如实记录安全生产教育和培训情况；

(3) 组织开展安全生产法律法规宣传教育；

(4) 组织开展安全风险辨识评估，督促落实重大安全风险管控措施；

(5) 制止和纠正违章指挥、强令冒险作业、违反规程的行为，发现威胁安全的紧急情况时，有权要求立即停止危险区域内的作业，撤出作业人员；

(6) 检查安全生产状况，及时排查事故隐患，对事故隐患排查治理情况进行统计分析，提出改进安全生产管理的建议；

(7) 组织或者参与应急救援演练；

(8) 督促落实安全生产整改措施。

煤矿企业应当配备主要技术负责人，建立健全并落实技术管理体系。

第二十条规定，煤矿企业从业人员负有下列安全生产职责：

(1) 遵守煤矿企业安全生产规章制度和作业规程、操作规程，严格落实岗位安全责任；

(2) 参加安全生产教育和培训，掌握本职工作所需的安全生产知识，提高安全生产技能，增强事故预防和应急处理能力；

(3) 及时报告发现的事故隐患或者其他不安全因素。

对违章指挥和强令冒险作业的行为，煤矿企业从业人员有权拒绝并向县级以上地方人民政府负有煤矿安全生产监督管理职责的部门、所在地矿山安全监察机构报告。

煤矿企业不得因从业人员拒绝违章指挥或者强令冒险作业而降低其工资、福利等待遇，无正当理由调整工作岗位，或者解除与其订立的劳动合同。

第二十四条规定，煤矿企业应当为从业人员提供符合国家标准或者行业标准的劳动防护用品，并监督、教育从业人员按照使用规则佩戴、使用。

煤矿井下作业人员实行安全限员制度。煤矿企业应当依法制定井下工作时间管理制度。煤矿井下工作岗位不得使用劳务派遣用工。

第二十六条规定，煤矿的采煤、掘进、机电、运输、通风、排水、排土等主要生产系统和防瓦斯、防煤(岩)与瓦斯(二氧化碳)突出、防冲击地压、防火、防治水、防尘、防热害、防滑坡、监控与通讯等安全设施，应当符合煤矿安全规程和国家标准或者行业标准规定的管理和技术要求。

煤矿企业及其有关人员不得关闭、破坏直接关系生产安全的监控、报警、防护、救生设备、设施，或者篡改、隐瞒、销毁其相关数据、信息，不得以任何方式影响其正常使用。

第六十四条规定，对存在重大事故隐患仍然进行生产的煤矿企业，责令停产整顿，明确整顿的内容、时间等具体要求，并处 50 万元以上 200 万元以下的罚款；对煤矿企业主要负责人处 3 万元以上 15 万元以下的罚款。

第六十七条规定，发生煤矿生产安全事故，对负有责任的煤矿企业除要求其依法承担相应的赔偿等责任外，依照下列规定处以罚款：

(1) 发生一般事故的，处 50 万元以上 100 万元以下的罚款；

(2) 发生较大事故的，处 150 万元以上 200 万元以下的罚款；

(3) 发生重大事故的，处 500 万元以上 1 000 万元以下的罚款；

(4) 发生特别重大事故的，处 1 000 万元以上 2 000 万元以下的罚款。

发生煤矿生产安全事故，情节特别严重、影响特别恶劣的，可以按照前款罚款数额的 2 倍以上 5 倍以下对负有责任的煤矿企业处以罚款。

第七十条规定，煤矿企业存在下列情形之一的，应当提请县级以上地方人民政府予以关闭：

(1) 未依法取得安全生产许可证等擅自进行生产的；

(2) 3 个月内 2 次或者 2 次以上发现有重大事故隐患仍然进行生产的；

(3) 经地方人民政府组织的专家论证在现有技术条件下难以有效防治重大灾害的；

(4) 有《中华人民共和国安全生产法》规定的应当提请关闭的其他情形。

有关地方人民政府作出予以关闭的决定，应当立即组织实施。关闭煤矿应当达到下列要求：

(1) 依照法律法规有关规定吊销、注销相关证照；

(2) 停止供应并妥善处理民用爆炸物品；

(3) 停止供电，拆除矿井生产设备、供电、通信线路；

(4) 封闭、填实矿井井筒，平整井口场地，恢复地貌；

(5) 妥善处理劳动关系，依法依规支付经济补偿、工伤保险待遇，组织离岗时职业健康检查，偿还拖欠工资，补缴欠缴的社会保险费；

(6) 设立标识牌；

(7) 报送、移交相关报告、图纸和资料等；

(8) 有关法律法规规定的其他要求。

(五)《生产安全事故报告和调查处理条例》

《生产安全事故报告和调查处理条例》于2007年3月28日以中华人民共和国国务院令第493号公布,自2007年6月1日起施行。

第九条规定,事故发生后,事故现场有关人员应当立即向本单位负责人报告;单位负责人接到报告后,应当于1小时内向事故发生地县级以上人民政府安全生产监督管理部门和负有安全生产监督管理职责的有关部门报告。情况紧急时,事故现场有关人员可以直接向事故发生地县级以上人民政府安全生产监督管理部门和负有安全生产监督管理职责的有关部门报告。

第十二条规定,报告的内容应包括:事故发生单位概况,事故发生的时间、地点及事故现场情况,事故的简要经过,事故已经造成或者可能造成的伤亡人数等。

发生事故后,事故调查处理过程中最重要的一条原则就是"四不放过",即事故原因没有查清不放过,事故责任者没有严肃处理不放过,广大职工没有受到教育不放过,防范措施没有落实不放过。煤矿职工要牢记事故教训,提高责任意识、安全意识和自我保护能力,避免安全事故的发生。

(六)《工伤保险条例》

《工伤保险条例》于2003年4月27日以国务院令第375号公布,自2004年1月1日起施行。2010年12月20日,根据《国务院关于修改〈工伤保险条例〉的决定》修订。

有关内容如下。

1. 建立工伤保险基金的目的

保障因工作遭受事故伤害或者患职业病的职工获得医疗救治和经济补偿,促进工伤预防和职业康复,分散用人单位的工伤风险。

2. 缴费原则

用人单位应当按时缴纳工伤保险费。职工个人不缴纳工伤保险费。

3. 工伤认定的申请时限

职工所在单位应当自职工事故伤害发生之日或者被诊断、鉴定为职业病之日起30日内，向统筹地区社会保险行政部门提出工伤认定申请。遇有特殊情况，经报社会保险行政部门同意，申请时限可以适当延长。

用人单位未按前款规定提出工伤认定申请的，工伤职工或者其近亲属、工会组织在事故伤害发生之日或者被诊断、鉴定为职业病之日起1年内，可以直接向用人单位所在地统筹地区社会保险行政部门提出工伤认定申请。

4. 劳动能力鉴定

职工发生工伤，经治疗伤情相对稳定后存在残疾、影响劳动能力的，应当进行劳动能力鉴定。

劳动能力鉴定是指劳动功能障碍程度和生活自理障碍程度的等级鉴定。

劳动功能障碍分为十个伤残等级，最重的为一级，最轻的为十级。

生活自理障碍分为三个等级：生活完全不能自理、生活大部分不能自理和生活部分不能自理。

5. 关于停工留薪的规定

职工因工作遭受事故伤害或者患职业病需要暂停工作接受工伤医疗的，在停工留薪期内，原工资福利待遇不变，由所在单位按月支付。

停工留薪期一般不超过12个月。伤情严重或者情况特殊，经设区的市级劳动能力鉴定委员会确认，可以适当延长，但延长不得超过12个月。工伤职工评定伤残等级后，停发原待遇，按照本条例的有关规定享受伤残待遇。工伤职工在停工留薪期满后仍需治疗的，继续享受工伤医疗待遇。

生活不能自理的工伤职工在停工留薪期需要护理的，由所在单位负责。

6. 工伤待遇

工伤及职业病伤残等级对应工伤待遇见表1-1，一次性工亡及丧葬补助金、供养亲属抚恤金相关规定见表1-2。

表1-1　工伤及职业病伤残等级对应工伤待遇

伤残等级	一次性伤残补助金	伤残津贴(按月)	劳动关系
一级	27个月的本人工资	本人工资的90%	保留劳动关系，退出工作岗位
二级	25个月的本人工资	本人工资的85%	
三级	23个月的本人工资	本人工资的80%	
四级	21个月的本人工资	本人工资的75%	
五级	18个月的本人工资	本人工资的70%	保留劳动关系，安排适当工作
六级	16个月的本人工资	本人工资的60%	
七级	13个月的本人工资	—	劳动、聘用合同期满终止，或者职工本人提出解除劳动、聘用合同的
八级	11个月的本人工资	—	
九级	9个月的本人工资	—	
十级	7个月的本人工资	—	

表1-2　一次性工亡及丧葬补助金、供养亲属抚恤金相关规定

类别	规定
一次性工亡补助金	上一年度全国城镇居民人均可支配收入的20倍
丧葬补助金	6个月的统筹地区上年度职工月平均工资
供养亲属抚恤金	配偶每月：死亡职工本人工资的40%； 其他亲属每月：死亡职工本人工资的30%； 孤寡老人或孤儿每月：上述标准的基础上增加10%； 核定的各供养亲属的抚恤金之和不应高于因工死亡职工生前的工资

（七）《煤矿安全培训规定》

为了加强和规范煤矿安全培训工作，提高从业人员安全素质，防止和减少伤亡事故，2017 年 12 月 11 日国家安全监督管理总局第 16 次局长办公会议审议通过并公布《煤矿安全培训规定》，自 2018 年 3 月 1 日起施行。

第四条规定，煤矿企业是安全培训的责任主体，应当依法对从业人员进行安全生产教育和培训，提高从业人员的安全生产意识和能力。煤矿企业主要负责人对本企业从业人员安全培训工作全面负责。

第二十四条规定，煤矿特种作业人员必须经专门的安全技术培训和考核合格，由省级煤矿安全培训主管部门颁发《中华人民共和国特种作业操作证》（简称“特种作业操作证”）后，方可上岗作业。

第二十五条规定，煤矿特种作业人员在参加资格考试前应当按照规定的培训大纲进行安全生产知识和实际操作能力的专门培训。其中，初次培训的时间不得少于 90 学时。

第三十五条规定，煤矿企业其他从业人员的初次安全培训时间不得少于 72 学时，每年再培训的时间不得少于 20 学时。

第三十六条规定，煤矿企业新上岗的井下作业人员安全培训合格后，应当在有经验的工人师傅带领下，实习满 4 个月，并取得工人师傅签名的实习合格证明后，方可独立工作。工人师傅一般应当具备中级工以上技能等级、3 年以上相应工作经历和没有发生过违章指挥、违章作业、违反劳动纪律等条件。

第三十七条规定，企业井下作业人员调整工作岗位或者离开本岗位一年以上重新上岗前，以及煤矿企业采用新工艺、新技术、新材料或者使用新设备的，应当对其进行相应的安全培训，经培训合格后，方可上岗作业。

（八）《煤矿安全规程》

《煤矿安全规程》于2016年2月25日以国家安全生产监督管理总局令第87号公布，自2016年10月1日起施行。该规程是安全生产法律法规体系的重要组成部分，具有强制性、科学性、规范性、稳定性的特点，在煤矿安全生产领域居于主体规章地位，是安全生产监管、监察、执法的重要依据，是规范煤矿安全生产行为的重要准绳。

现行的《煤矿安全规程》根据2022年1月6日应急管理部令第8号修正，自2022年4月1日起施行。修订的四项主要原则如下。

第一，严格贯彻落实习近平总书记关于安全生产工作的重要论述精神，并衔接适应新修改的《安全生产法》等法律的规定和要求。

第二，深刻汲取近年来的煤矿灾害事故教训，认真分析灾害事故中暴露出的煤矿安全生产和技术管理漏洞及不合理因素，查找影响煤矿安全生产的危险因素和事故隐患。

第三，衔接协调《煤矿防治水细则》《防治煤与瓦斯突出细则》《防治煤矿冲击地压细则》《煤矿防灭火细则》等煤矿安全规范性文件及相关标准，充分体现《煤矿安全规程》在煤矿安全生产领域的主体规章地位。

第四，解决好《煤矿安全规程（2016版）》实施5年多来煤矿现场管理的重要问题，尽量满足煤矿现场的使用需求。

第四节　煤矿从业人员的权利和义务

《安全生产法》《矿山安全法》《劳动法》《煤炭法》等法律规定了从业人员在安全生产方面的权利和义务。关心、维护和保障从业人员在安全生产方面的权利，是实现安全生产的重要条件。

一、煤矿从业人员在安全生产中的权利

（一）劳动合同保障权

生产经营单位不得以任何形式与从业人员订立协议免除或者减轻其对从业人员因生产安全事故伤亡依法应承担的责任。

《劳动合同法》第四条规定，用人单位应当依法建立和完善劳动规章制度，保障劳动者享有劳动权利、履行劳动义务。

用人单位在制定、修改或者决定有关劳动报酬、工作时间、休息休假、劳动安全卫生、保险福利、职工培训、劳动纪律以及劳动定额管理等直接涉及劳动者切身利益的规章制度或者重大事项时，应当经职工代表大会或者全体职工讨论，提出方案和意见，与工会或者职工代表平等协商确定。

在规章制度和重大事项决定实施过程中，工会或者职工认为不适当的，有权向用人单位提出，通过协商予以修改完善。

用人单位应当将直接涉及劳动者切身利益的规章制度和重大事项决定公示，或者告知劳动者。

（二）安全生产危险因素知情权和建议权

煤矿井下生产是很危险的工作，瓦斯、煤尘爆炸，火灾，水灾，顶板灾害等危险因素很多，从业人员有权知道作业场所和工作岗位存在的危险因素、发生规律和防范措施。

（三）批评、检举、控告权

《安全生产法》第五十四条规定，从业人员有权对本单位安全生产工作中存在的问题提出批评、检举、控告。生产经营单位不得因从业人员对本单位安全生产工作提出批评、检举、控告或者拒绝违章指挥、强令冒险作业而降低其工资、福利等待遇或者解除与其订立的劳动合同。

（四）拒绝违章指挥权

《煤矿安全规程》第八条规定，从业人员有权制止违章作业，拒绝违章指挥。

（五）不安全状况停止作业权

《安全生产法》第五十五条规定，从业人员发现直接危及人身安全的紧急情况时，有权停止作业或者在采取可能的应急措施后撤离作业场所。

（六）享受工伤保险权

《安全生产法》第五十六条规定，因生产安全事故受到损害的从业人员，除依法享有工伤保险外，依照有关民事法律尚有获得赔偿的权利的，有权向本单位提出赔偿要求。

《煤炭法》第三十七条规定，煤矿企业应当依法为职工参加工伤保险缴纳工伤保险费。鼓励企业为井下作业职工办理意外伤害保险，支付保险费。

（七）安全生产教育培训权

《矿山安全法》第二十六条规定，矿山企业必须对职工进行安全教育、培训；未经安全教育、培训的，不得上岗作业。

矿山企业安全生产的特种作业人员必须接受专门培训，经考核合格取得操作资格证书的，方可上岗作业。

《煤炭法》第三十三条规定，煤矿企业应当对职工进行安全生产教育、培训；未经安全生产教育、培训的，不得上岗作业。

《煤矿安全规程》第九条规定，煤矿企业必须对从业人员进行安全教育和培训。培训不合格的，不得上岗作业。

特种作业人员必须按国家有关规定培训合格，取得资格证书，方可上岗作业。

煤矿从业人员是安全生产事故的受害者，又是安全生产的实施者，对安全生产中的问题和隐患最清楚，有权参与安全管理。通过职工大会、职工代表大会，参与企业有关安全生产规划、管理制度、管理办法、安全技术措施和规章的制定，对不符合党和国家方针政策与法律、法规的规章、制度有权提出修改意见。

此外，2006 年 6 月 7 日，国家安全生产监督管理总局、国家煤矿安全监察局、国家发展和改革委员会、监察部、劳动和社会保障部、国务院国有资产监督管理委员会、中华全国总工会联合发出的《关于加强国有重点煤矿安全基础管理的指导意见》中，赋予井下职工以下十项权利：① 带班人员不下井，工人有权不下井；② 带班人员早出井，工人有权早出井；③ 安全隐患不排查，工人有权不作业；④ 管理人员违章指挥，工人有权不执行；⑤ 没有安全措施，工人有权不开工；⑥ 不组织班前安全学习，工人有权不下井；⑦ 未进行“三位一体”(班长、安全检查员、瓦斯检查员)安全检查，工人有权不开工；⑧ 监测监控系统安装不到位、运行不正常，工人有权不开工；⑨ 不配全合格的劳动保护、防护用品，工人有权不下井；⑩ 避灾路线不标识，工人有权不下井。煤矿不得因上述原因扣发职工工资、辞退职工。

二、煤矿从业人员在安全生产中的义务

(1) 遵法守纪、服从管理的义务。

《安全生产法》第五十七条规定，从业人员在作业过程中，应当严格遵守本单位的安全生产规章制度和操作规程，服从管理，正确佩戴和使用劳动防护用品。

《煤炭法》第三十三条规定，煤矿企业职工必须遵守有关安全生产的法律、法规、煤炭行业规章、规程和企业规章制度。

(2) 接受教育培训、学习安全生产技能的义务。

《安全生产法》第五十八条规定，从业人员应当接受安全生产教育和培训，掌握本职工作所需的安全生产知识，提高安全生产技能，增强事故预防和应急处理能力。

(3) 及时报告危险情况，参加抢险救灾的义务。

《安全生产法》第五十九条规定，从业人员发现事故隐患或者其他不安全因素，应当立即向现场安全生产管理人员或者本单位负责人报告；接到报告的人员应当及时予以处理。

(4) 正确佩戴、使用劳动保护用品的义务。

三、煤矿企业从业人员安全生产职责

《煤矿安全生产条例》第二十条规定，煤矿企业从业人员负有下列安全生产职责。

(1) 遵守煤矿企业安全生产规章制度和作业规程、操作规程，严格落实岗位安全责任；

(2) 参加安全生产教育和培训，掌握本职工作所需的安全生产知识，提高安全生产技能，增强事故预防和应急处理能力；

(3) 及时报告发现的事故隐患或者其他不安全因素。

对违章指挥和强令冒险作业的行为，煤矿企业从业人员有权拒绝并向县级以上地方人民政府负有煤矿安全生产监督管理职责的部门、所在地矿山安全监察机构报告。

煤矿企业不得因从业人员拒绝违章指挥或者强令冒险作业而降低其工资、福利等待遇，无正当理由调整工作岗位，或者解除与其订立的劳动合同。

第五节　煤矿安全管理制度

《安全生产法》《煤矿安全规程》等法律法规明确规定，生产经营单位必须建立健全全员安全生产责任制和安全生产规章制度，职工必须遵守企业制定的安全生产管理制度。

一、安全生产责任制度

安全生产责任制度是所有安全管理制度的核心，是最基本的安全管理制度。安全生产责任制，按照岗位、职能、权利和责任相统一的原则，明确各层级、各部门、各岗位的安全生产责任和义务，形成人人有责、各负其责、权责清晰的安全生产责任体系。

二、安全目标管理制度

安全目标管理制度，应依据政府有关部门或上级下达的安全指标，结合实际制定年度或阶段的安全生产目标，并将指标逐层分

解，明确责任、保证措施、考核和奖惩办法。

三、安全投入保障制度

安全投入保障制度，应按国家有关规定建立稳定的安全投入资金渠道，保证新增、改善和更新安全系统、设备、设施，消除事故隐患，改善安全生产条件，进行安全生产宣传、教育、培训、安全奖励，推广应用先进安全技术措施和管理经验，以及应对抢险救灾等均有可靠的资金来源。安全投入应能充分保证安全生产需要，安全投入资金要专款专用。煤矿企业应当编制年度安全技术措施计划，确定项目，落实资金、完成时间和责任人。

四、安全奖惩制度

安全奖惩制度是指为了规范职工安全行为，依据“奖惩分明、公平合理”的原则，明确考评人员、奖罚办法、考核方式等内容，对工作人员实施奖励和处罚、起到教育和引导的作用的制度。该制度是激发集体和个人不断前进的有效手段之一。

五、安全技术审批制度

安全技术审批制度，要确定各类工程设计、作业规程、安全措施和方案等安全技术审批的内容、程序、标准、时限、审批级别；审批人员职别和资格，编制、审核、审批员的职责、权限和义务。安全技术审批应保证依据充分、正确，内容全面、具体，安全措施可靠，能够有效指导生产施工、作业和操作。

六、安全教育与培训制度

安全教育与培训制度，应保证煤矿企业职工掌握本职工作应具备的法律法规知识、安全知识、专业技术知识和操作技能；明确企业职工教育与培训的周期、内容、方式、标准和考核办法；明确相关部门安全教育与培训的职责和考核办法；明确年度安全生产教育与培训计划，确定任务，保证安全培训的条件，落实费用。

七、安全办公会议制度

安全办公会议制度，要明确安全办公会议的召开周期、内容、主持人和参加人员，会议应当有完整的记录，载明议定的事项、决定以及落实的人员、措施和期限。会议记录、纪要应纳入档案管理。

八、安全监督检查制度

安全监督检查制度，应能保证有效地监督安全生产规章制度、规程、标准、规范等的执行情况；明确安全检查的内容、周期、检查标准、检查方式、负责组织检查的部门和人员、对检查结果的处理办法；对查出的问题和隐患应按要求落实处理，并将结果进行通报及存档。

九、事故隐患排查治理制度

事故隐患排查治理制度，应明确领导小组成员及其职责，应能保证及时发现和消除矿井在通风、瓦斯、煤尘、火灾、顶板、机电、运输、爆破、水害和其他方面存在的隐患；明确事故隐患识别、分级、登记、评估、报告、监控和治理标准；按照分级管理的原则，明确隐患治理的责任和义务，并保证隐患治理资金的投入。

十、安全风险分级管控工作制度

安全风险分级管控工作制度，应明确安全风险分级管控责任体系；明确安全风险辨识评估范围、方法，能全面辨识矿井各系统、各环节可能存在的安全风险、危害因素以及重大危险源；明确安全风险辨识、评估、管控、公告、报告工作流程；明确安全风险分级管控教育培训要求。

十一、入井检身与出入井人员清点制度

入井检身与出入井人员清点制度要明确入井人员禁止带入井下的物品和检查方法；明确人员入井和升井登记、清点和统计、报告办法，保证准确掌握井下作业人数和人员名单，及时发现未能正常升井的人员并查明原因。

十二、煤矿领导带班下井制度

煤矿应当建立健全领导带班下井制度，并严格考核。带班下井制度应当明确带班下井人员、每月带班下井的人数、在井下工作时间、带班下井的任务和职责权限、群众监督和考核奖惩等内容，并要健全下井带班的详细记录，以备检查。

十三、安全生产标准化管理制度

安全生产标准化管理制度要明确年度达标计划和考核标准；明确检查周期、考核评级奖惩办法、组织检查的部门和人员等方面的内容。

十四、矿用设备、器材使用管理制度

矿用设备、器材使用管理制度，应保证在用设备、器材符合相关标准，保持完好状态；明确矿用设备、器材使用前的检测标准、程序、方法和检验单位、人员的资质；明确使用过程中的检验标准、周期、方法和校验单位、人员的资质；明确维修、更新和报废的标准、程序和方法。

十五、矿井主要灾害预防管理制度

矿井主要灾害预防管理制度要明确可能导致重大事故的“一通三防”、防治水、冲击地压、职业危害等主要危险，有针对性地分别制定专门制度，强化管理，加强监控，制定预防措施。

十六、煤矿事故应急救援制度

煤矿事故应急救援制度，要制定事故应急救援预案，明确发生事故后的上报时限、上报部门、上报内容、应采取的应急救援措施等。

十七、安全操作规程管理制度

操作规程要涵盖从进入操作现场、操作准备到操作结束和离开操作现场全过程的各个操作环节，要分别制定各工种岗位操作规程，明确各工种、岗位对操作人员的基本要求、操作程序和标准，明确违反操作程序和标准可能导致的危险和危害。

十八、安全生产现场管理制度

煤矿要建立健全安全生产现场管理制度。该制度要符合现场安全生产管理的相关要求；要明确现场管理人员的职责、权限，现场管理内容和要求以及现场应急处置等方面的内容。

十九、职业病危害防治制度

煤矿企业应建立健全职业病危害防治领导机构、防治管理机构，建立健全职业病危害防治制度。

第六节　劳动保护

一、《劳动法》相关规定

第十六条规定，劳动合同是劳动者与用人单位确立劳动关系、明确双方权利和义务的协议。

建立劳动关系应当订立劳动合同。

第十七条规定，订立和变更劳动合同，应当遵循平等自愿、协商一致的原则，不得违反法律、行政法规的规定。

劳动合同依法订立即具有法律约束力，当事人必须履行劳动合同规定的义务。

第十八条规定，下列劳动合同无效：

(1) 违反法律、行政法规的劳动合同；

(2) 采取欺诈、威胁等手段订立的劳动合同。

无效的劳动合同，从订立的时候起，就没有法律约束力。确认劳动合同部分无效的，如果不影响其余部分的效力，其余部分仍然有效。

劳动合同的无效，由劳动争议仲裁委员会或者人民法院确认。

第二十一条规定，劳动合同可以约定试用期。试用期最长不得超过六个月。

第三十六条规定，国家实行劳动者每日工作时间不超过八小时、平均每周工作时间不超过四十四小时的工时制度。

第三十八条规定，用人单位应当保证劳动者每周至少休息一日。

第五十四条规定，用人单位必须为劳动者提供符合国家规定的劳动安全卫生条件和必要的劳动防护用品，对从事有职业危害作业的劳动者应当定期进行健康检查。

第五十五条规定，从事特种作业的劳动者必须经过专门培训并取得特种作业资格。

第五十六条规定，劳动者在劳动过程中必须严格遵守安全操作规程。

劳动者对用人单位管理人员违章指挥、强令冒险作业，有权拒绝执行；对危害生命安全和身体健康的行为，有权提出批评、检举和控告。

第五十九条规定，禁止安排女职工从事矿山井下、国家规定的第四级体力劳动强度的劳动和其他禁忌从事的劳动。

第六十条规定，不得安排女职工在经期从事高处、低温、冷水作业和国家规定的第三级体力劳动强度的劳动。

第六十一条规定，不得安排女职工在怀孕期间从事国家规定的第三级体力劳动强度的劳动和孕期禁忌从事的劳动。对怀孕七个月以上的女职工，不得安排其延长工作时间和夜班劳动。

第六十三条规定，不得安排女职工在哺乳未满一周岁的婴儿期间从事国家规定的第三级体力劳动强度的劳动和哺乳期禁忌从事的其他劳动，不得安排其延长工作时间和夜班劳动。

第六十四条规定，不得安排未成年工从事矿山井下、有毒有害、国家规定的第四级体力劳动强度的劳动和其他禁忌从事的劳动。

第六十五条规定，用人单位应当对未成年工定期进行健康检查。

第九十三条规定，用人单位强令劳动者违章冒险作业，发生重大伤亡事故，造成严重后果的，对责任人员依法追究刑事责任。

二、《职业病防治法》相关规定

第三条规定，职业病防治工作坚持预防为主、防治结合的方针，建立用人单位负责、行政机关监管、行业自律、职工参与和社会监督的机制，实行分类管理、综合治理。

第四条规定，劳动者依法享有职业卫生保护的权利。

用人单位应当为劳动者创造符合国家职业卫生标准和卫生要求的工作环境和条件，并采取措施保障劳动者获得职业卫生保护。

第六条规定，用人单位的主要负责人对本单位的职业病防治工作全面负责。

第七条规定，用人单位必须依法参加工伤保险。

第十三条规定，任何单位和个人有权对违反本法的行为进行检举和控告。有关部门收到相关的检举和控告后，应当及时处理。

第二十二条规定，用人单位必须采用有效的职业病防护设施，并为劳动者提供个人使用的职业病防护用品。

用人单位为劳动者个人提供的职业病防护用品必须符合防治职业病的要求；不符合要求的，不得使用。

第二十四条规定，产生职业病危害的用人单位，应当在醒目位置设置公告栏，公布有关职业病防治的规章制度、操作规程、职业病危害事故应急救援措施和工作场所职业病危害因素检测结果。

对产生严重职业病危害的作业岗位，应当在其醒目位置，设置警示标识和中文警示说明。警示说明应当载明产生职业病危害的种类、后果、预防以及应急救治措施等内容。

第三十条规定，任何单位和个人不得生产、经营、进口和使用国家明令禁止使用的可能产生职业病危害的设备或者材料。

第三十一条规定，任何单位和个人不得将产生职业病危害的作业转移给不具备职业病防护条件的单位和个人。不具备职业病防护条件的单位和个人不得接受产生职业病危害的作业。

第三十三条规定，用人单位与劳动者订立劳动合同（含聘用合同，下同）时，应当将工作过程中可能产生的职业病危害及其后果、职业病防护措施和待遇等如实告知劳动者，并在劳动合同中写明，不得隐瞒或者欺骗。

劳动者在已订立劳动合同期间因工作岗位或者工作内容变更，从事与所订立劳动合同中未告知的存在职业病危害的作业时，用人单位应当依照前款规定，向劳动者履行如实告知的义务，并协商变更原劳动合同相关条款。

用人单位违反前两款规定的，劳动者有权拒绝从事存在职业病危害的作业，用人单位不得因此解除与劳动者所订立的劳动合同。

第三十四条规定，用人单位的主要负责人和职业卫生管理人员应当接受职业卫生培训，遵守职业病防治法律、法规，依法组织本单位的职业病防治工作。

用人单位应当对劳动者进行上岗前的职业卫生培训和在岗期间的定期职业卫生培训，普及职业卫生知识，督促劳动者遵守职业病防治法律、法规、规章和操作规程，指导劳动者正确使用职业病防护设备和个人使用的职业病防护用品。

劳动者应当学习和掌握相关的职业卫生知识，增强职业病防范意识，遵守职业病防治法律、法规、规章和操作规程，正确使用、维护职业病防护设备和个人使用的职业病防护用品，发现职业病危害事故隐患应当及时报告。

第三十五条规定，对从事接触职业病危害的作业的劳动者，用人单位应当按照国务院安全生产监督管理部门、卫生行政部门的规定组织上岗前、在岗期间和离岗时的职业健康检查，并将检查结果书面告知劳动者。职业健康检查费用由用人单位承担。

用人单位不得安排未经上岗前职业健康检查的劳动者从事接触职业病危害的作业；不得安排有职业禁忌的劳动者从事其所禁忌的作业；对在职业健康检查中发现有与所从事的职业相关的健

康损害的劳动者，应当调离原工作岗位，并妥善安置；对未进行离岗前职业健康检查的劳动者不得解除或者终止与其订立的劳动合同。

第三十六条规定，用人单位应当为劳动者建立职业健康监护档案，并按照规定的期限妥善保存。

职业健康监护档案应当包括劳动者的职业史、职业病危害接触史、职业健康检查结果和职业病诊疗等有关个人健康资料。

劳动者离开用人单位时，有权索取本人职业健康监护档案复印件，用人单位应当如实、无偿提供，并在所提供的复印件上签章。

第三十八条规定，用人单位不得安排未成年工从事接触职业病危害的作业；不得安排孕期、哺乳期的女职工从事对本人和胎儿、婴儿有危害的作业。

第三十九条规定，劳动者享有下列职业卫生保护权利：

(1) 获得职业卫生教育、培训；

(2) 获得职业健康检查、职业病诊疗、康复等职业病防治服务；

(3) 了解工作场所产生或者可能产生的职业病危害因素、危害后果和应当采取的职业病防护措施；

(4) 要求用人单位提供符合防治职业病要求的职业病防护设施和个人使用的职业病防护用品，改善工作条件；

(5) 对违反职业病防治法律、法规以及危及生命健康的行为提出批评、检举和控告；

(6) 拒绝违章指挥和强令进行没有职业病防护措施的作业；

(7) 参与用人单位职业卫生工作的民主管理，对职业病防治工作提出意见和建议。

用人单位应当保障劳动者行使前款所列权利。因劳动者依法行使正当权利而降低其工资、福利等待遇或者解除、终止与其订立的劳动合同的，其行为无效。

第四十八条规定，职业病诊断、鉴定过程中，用人单位不提供工作场所职业病危害因素检测结果等资料的，诊断、鉴定机构应当结合劳动者的临床表现、辅助检查结果和劳动者的职业史、职业病危害接触史，并参考劳动者的自述、安全生产监督管理部门提供的日常监督检查信息等，作出职业病诊断、鉴定结论。

劳动者对用人单位提供的工作场所职业病危害因素检测结果等资料有异议，或者因劳动者的用人单位解散、破产，无用人单位提供上述资料的，诊断、鉴定机构应当提请安全生产监督管理部门进行调查，安全生产监督管理部门应当自接到申请之日起三十日内对存在异议的资料或者工作场所职业病危害因素情况作出判定；有关部门应当配合。

医疗卫生机构发现疑似职业病病人时，应当告知劳动者本人并及时通知用人单位。

第五十五条规定，医疗卫生机构发现疑似职业病病人时，应当告知劳动者本人并及时通知用人单位。

用人单位应当及时安排对疑似职业病病人进行诊断；在疑似职业病病人诊断或者医学观察期间，不得解除或者终止与其订立的劳动合同。

疑似职业病病人在诊断、医学观察期间的费用，由用人单位承担。

三、《工伤保险条例》相关规定

第四条规定，用人单位应当将参加工伤保险的有关情况在本单位内公示。

用人单位和职工应当遵守有关安全生产和职业病防治的法律法规，执行安全卫生规程和标准，预防工伤事故发生，避免和减少职业病危害。

职工发生工伤时，用人单位应当采取措施使工伤职工得到及时救治。

第十条规定,用人单位应当按时缴纳工伤保险费。职工个人不缴纳工伤保险费。

第十四条规定,职工有下列情形之一的,应当认定为工伤:

(1) 在工作时间和工作场所内,因工作原因受到事故伤害的;

(2) 工作时间前后在工作场所内,从事与工作有关的预备性或者收尾性工作受到事故伤害的;

(3) 在工作时间和工作场所内,因履行工作职责受到暴力等意外伤害的;

(4) 患职业病的;

(5) 因工外出期间,由于工作原因受到伤害或者发生事故下落不明的;

(6) 在上下班途中,受到非本人主要责任的交通事故或者城市轨道交通、客运轮渡、火车事故伤害的;

(7) 法律、行政法规规定应当认定为工伤的其他情形。

第十五条规定,职工有下列情形之一的,视同工伤:

(1) 在工作时间和工作岗位,突发疾病死亡或者在 48 小时之内经抢救无效死亡的;

(2) 在抢险救灾等维护国家利益、公共利益活动中受到伤害的;

(3) 职工原在军队服役,因战、因公负伤致残,已取得革命伤残军人证,到用人单位后旧伤复发的。

职工有前款第(一)项、第(二)项情形的,按照本条例的有关规定享受工伤保险待遇;职工有前款第(三)项情形的,按照本条例的有关规定享受除一次性伤残补助金以外的工伤保险待遇。

第十六条规定,职工符合本条例第十四条、第十五条的规定,但是有下列情形之一的,不得认定为工伤或者视同工伤:

(1) 故意犯罪的;

(2) 醉酒或者吸毒的;

（3）自残或者自杀的。

第四十二条规定，工伤职工有下列情形之一的，停止享受工伤保险待遇：

（1）丧失享受待遇条件的；

（2）拒不接受劳动能力鉴定的；

（3）拒绝治疗的。

第二章 安全生产技术

第一节 煤矿地质基本知识

一、煤层的形成与赋存特征

(一) 煤层的形成

在成煤的古地质年代,大量的高等植物死亡后,堆积的植物遗体经泥炭化作用,转变成泥炭或腐泥。泥炭或腐泥被掩埋后,由于地层下降而沉埋至地下深部,经成岩作用而转变成褐煤。由于温度和压力逐步升高,再经变质作用后转变成烟煤至无烟煤。如图 2-1 所示。

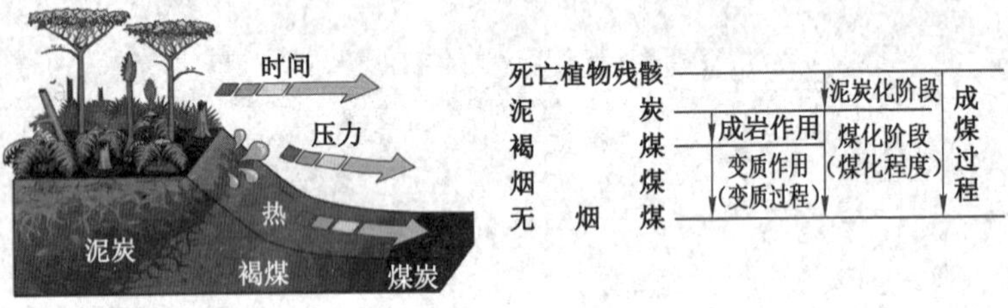

图 2-1 煤层的形成

(二) 煤层的顶板与底板

1. 煤层顶板

位于煤层上部、后于煤层形成的岩层称为煤层顶板。根据顶板的岩石性质、距煤层的距离以及垮落的难易程度,一般将煤层顶板分为伪顶、直接顶和基本顶三部分，如图 2-2 所示。

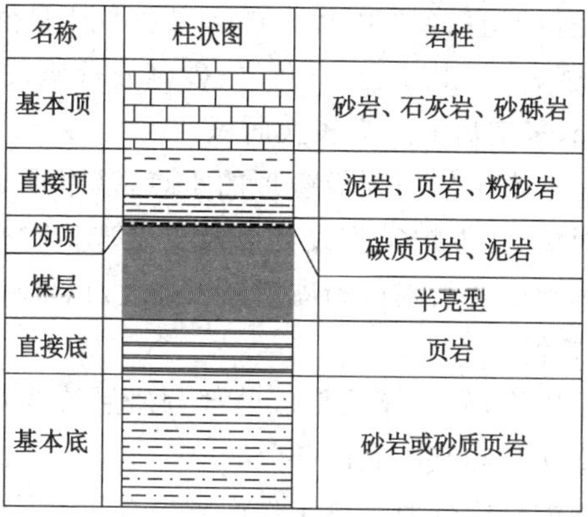

图 2-2　煤层柱状图

（1）伪顶。

伪顶是直接位于煤层之上、极易垮落的较薄岩层。它由泥岩、碳质页岩等软弱岩层组成，厚度小于 0.5 m，常随采随落。伪顶厚度大时，会导致煤的灰分增加，影响煤炭质量。

（2）直接顶。

直接顶是位于伪顶或煤层之上的一层或几层相同或不同的岩层。它由泥岩、页岩、粉砂岩等不稳定岩层组成，通常会随回柱放顶而垮落。直接顶的厚度是指回柱放顶后能在采空区自行垮落的岩层厚度，一般为 0.5～2 m。

直接顶破碎时会导致工作面的冒顶事故；反之，直接顶坚硬，不能自行垮落时，会出现采空区大面积悬顶的情况，此时须采取强制放顶的措施，用来保证采煤工作面的安全。所以，直接顶是采掘工作面顶板管理的重点，要求支护设备能够承担直接顶所带来的载荷。若支护设备工作阻力不足，极易出现冒顶事故，造成人员伤亡。

(3) 基本顶。

基本顶是位于直接顶之上的岩层。基本顶自然分层厚度较大,整体性较强,一般由砂岩、石灰岩、砂砾岩等坚硬岩石组成,其厚度大于 2 m,采空后能悬露较大面积。

直接顶是采煤工作面顶板管理的重点,基本顶是采煤工作面顶板控制的对象,在支护密度设计以及支架选型时必须考虑能否有效抵抗基本顶的初次来压和周期来压强度,以确保安全生产。

2. 煤层底板

位于煤层之下,先于煤层形成的部分岩层称为煤层底板。煤层底板分为直接底和基本底两部分。

煤层底板的稳定性对采掘工作面支护有很大影响。如果底板破碎松软或者遇水膨胀出现底鼓,会对巷道的支护、运输带来极大影响。

3. 煤层的形态与结构

煤层埋藏特征受到成煤时期的原始条件和地壳运动的影响而不同。

埋藏在地下的煤层的赋存状态,煤层顶底板岩石性质及含水性,煤层的含瓦斯性及自燃倾向,以及受地质构造影响的程度等,称为煤层的埋藏特征。

根据煤层厚度的变化情况及其对开采的影响,可将煤层分为稳定煤层、较稳定煤层、不稳定煤层和极不稳定煤层。

(1) 稳定煤层:在井田范围内厚度均大于最低可采厚度,厚度的变化有一定规律。

(2) 较稳定煤层:厚度的变化较大,但在井田范围内大多可采,仅局部不可采。

(3) 不稳定煤层:厚度的变化很大,在井田范围内经常出现不可采区。

(4) 极不稳定煤层:煤层常呈鸡窝状、串珠状,断断续续分布,在井田范围内仅局部可采。

根据煤层中有无较稳定的夹石层，可将煤层分为简单结构煤层和复杂结构煤层。

(1) 简单结构煤层：煤层中不含夹石层，但仍可能夹杂一些矿物质透镜体或结核。

(2) 复杂结构煤层：煤层中常含有较稳定的夹石层。

4. 煤层厚度

煤层厚度指煤层顶板与底板之间的垂直距离，可分为以下三类。

(1) 薄煤层：可采厚度小于 1.3 m。

(2) 中厚煤层：可采厚度为 1.3～3.5 m。

(3) 厚煤层：可采厚度大于 3.5 m。

随着综合机械化采煤技术的发展，一般将厚度大于 6 m 的煤层称为特厚煤层。

煤层厚度直接关系到采煤方法及采煤工艺。神华集团神东煤炭集团的上湾煤矿对于厚度为 8.8 m 的煤层采取一次采全高，无论是采煤机体积结构还是支架的最大支护高度，都处于世界领先地位。而对于特厚煤层，一般采取综采放顶煤的采煤方法开采。

(三) 煤矿常见地质构造及对安全生产的影响

煤矿常见地质构造有单斜构造、断裂构造、褶皱构造、陷落柱等，这些地质构造对煤矿的生产和安全都有着不同程度的影响。

1. 单斜构造

在一定范围内，岩层大致向一个方向倾斜的构造形态称为单斜构造。为了更好地形容单斜构造，一般用煤层产状来表述。煤层的产状要素有煤层的走向、倾向和倾角。如图 2-3 所示。

(1) 煤层走向：煤层层面和假想水平面的交线叫走向线，如图 2-3 中 *ab* 所示。走向线的延伸方向代表煤层走向。

(2) 煤层倾向：在煤层层面上，与走向线垂直并沿倾斜面向下

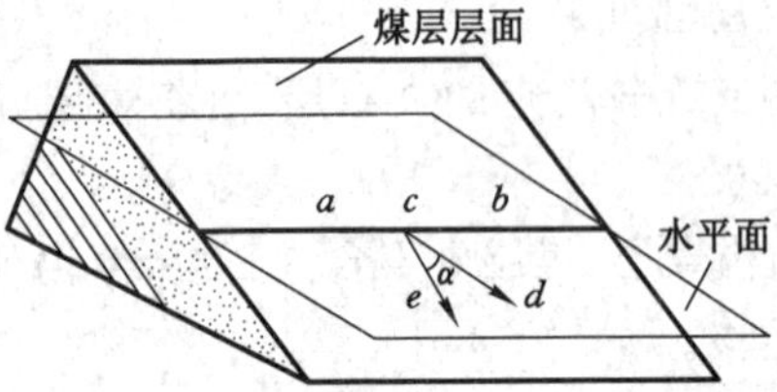

ab—走向线；*cd*—倾向线；*ce*—倾斜线；α—煤层倾角。

图 2-3　单斜构造

所引的直线称为倾斜线，如图 2-3 中 *ce* 所示。倾斜线在水平面上的投影线称为倾向线，倾向线所指的方向即为煤层的倾向，如图 2-3 中 *cd* 所示。

(3) 煤层倾角：煤层面和水平面的夹角叫煤层的倾角。根据倾角的大小，可将煤层分为以下四类。

① 近水平煤层：$\alpha<8^\circ$。

② 缓倾斜煤层：$8^\circ\leqslant\alpha<25^\circ$。

③ 倾斜煤层：$25^\circ\leqslant\alpha\leqslant45^\circ$。

④ 急倾斜煤层：$\alpha>45^\circ$。

单斜构造的倾角大小对开采影响极大。对于近水平煤层，一般采用倾斜长壁采煤法；对于缓倾斜煤层，一般采用走向长壁采煤法；对于急倾斜煤层，一般采用急倾斜煤层的特殊采煤方法。

2. 断裂构造

岩层受力后，作用力超过岩层强度时产生断裂，断裂后的构造形态叫断裂构造。煤岩层断裂后，根据断裂面两侧煤岩体相对位移大小及断裂面的显著程度，可将断裂构造分为节理和断层。

(1) 节理。

断裂面两侧的岩层没有发生明显位移的断裂构造叫节理，又称裂隙。

(2) 断层。

断裂面两侧的岩层产生明显位移的断裂构造叫断层，如图 2-4 所示。根据断层的形状不同，可将断层分为正断层、逆断层和平移断层，如图 2-5 所示。

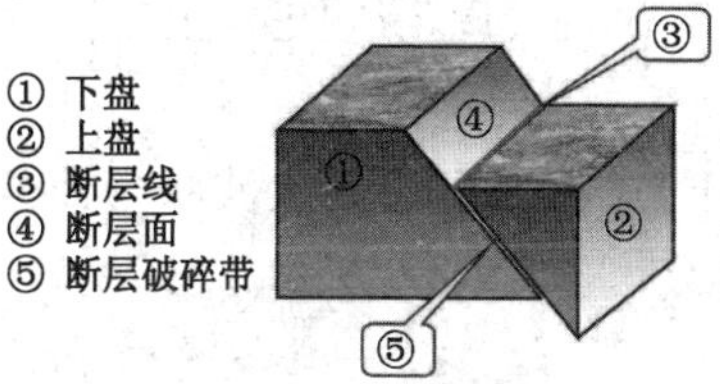

图 2-4　断层构造

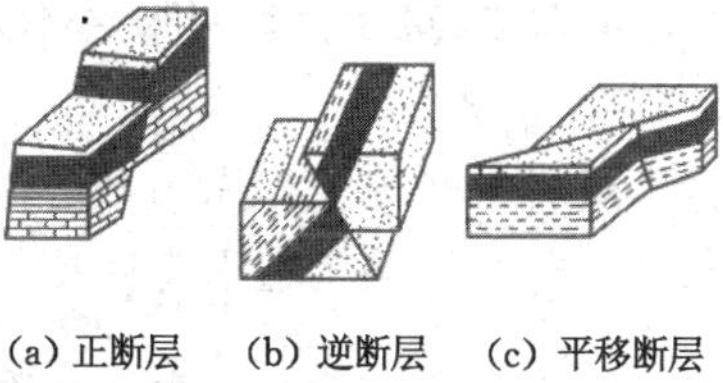

图 2-5　断层的分类

① 正断层：上盘相对下降，下盘相对上升。

② 逆断层：上盘相对上升，下盘相对下降。

③ 平移断层：煤层只是在层面内发生水平位移，没有垂直落差。

(3) 断裂构造对煤矿安全生产的影响

① 采掘工作面遇到断裂构造以后易发生冒顶事故。断裂带有一定的宽度，同时断裂带内煤层的顶底板岩层变得破碎，如不采取相关安全措施，采掘工作面接近断裂带以后容易发生顶板事故，从而给工作面的顶板管理带来很大困难。

② 断层带内可能含有矿井水。断层带波及范围较广，若与含水层、溶洞等连通，地下水进入断裂带内后极易造成水害事故。有时断裂带可直达地表，此时地表水、大气降水也可通过断裂带进入断层带内。

③ 断裂带中可能含有大量瓦斯气体。断裂构造的存在，会加大瓦斯事故发生的可能性。断裂带内的岩层破碎，煤层中的游离状态瓦斯会涌入断裂带中，形成瓦斯库，当采掘工作面接近瓦斯贮存地点时会出现瓦斯异常涌出现象，若不采取相应的安全技术措施，极易发生瓦斯事故。

④ 断层的出现可能导致掘进工作面煤层消失,加大巷道掘进工程量,甚至导致巷道报废。当断距不大时,工作面强行过断层,造成煤机截割强度增加,影响煤质;当断距过大时,需留设保护煤柱,工作面搬家,重新补打切眼等,使矿井采掘失调,影响正常生产。

3. 褶皱构造

煤岩层在地质作用力的影响下,产生变形而形成波状弯曲且未失去连续性的构造形态叫褶皱构造。如图 2-6 所示。

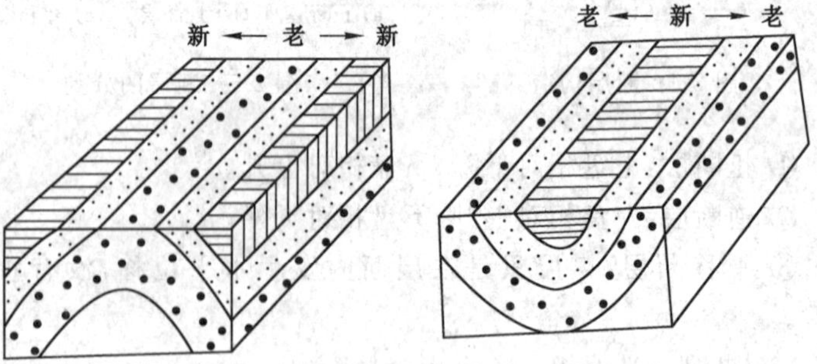

(a) 背斜构造　　(b) 向斜构造

图 2-6　褶皱构造

褶皱中的一个弯曲称为褶曲。褶曲的基本形态分为背斜和向斜两种。背斜中最高的部位叫作背斜的轴,向斜最下面的部位叫作向斜的轴。

褶皱构造对煤矿安全生产的影响主要有以下几个方面。

(1) 增大开采难度。大型的向斜由于其核部煤层埋藏较深,所需开采技术较为复杂。

(2) 给顶板管理带来困难。褶曲轴部裂隙发育,岩层较为破碎,顶板不好管理,容易发生冒顶事故。

(3) 容易引起瓦斯事故。褶曲轴部较为破碎时,是瓦斯涌出的良好通道,也是瓦斯赋存的重要场所,因此易发生瓦斯事故。向斜轴部是瓦斯突出的危险区。

(4) 易发生水灾事故。褶曲轴部的裂隙是水贮存的良好场所和涌出的良好通道，因此易发生水灾事故。

4. 陷落柱

煤系地层下部存在厚度很大的可溶性石灰石、白云岩等，由于受地下水的溶蚀作用，形成岩溶空洞，在上覆岩层重力作用下，引起溶洞上部煤系地层塌陷，形成不规则的环形柱状体，即陷落柱。如图 2-7 所示。

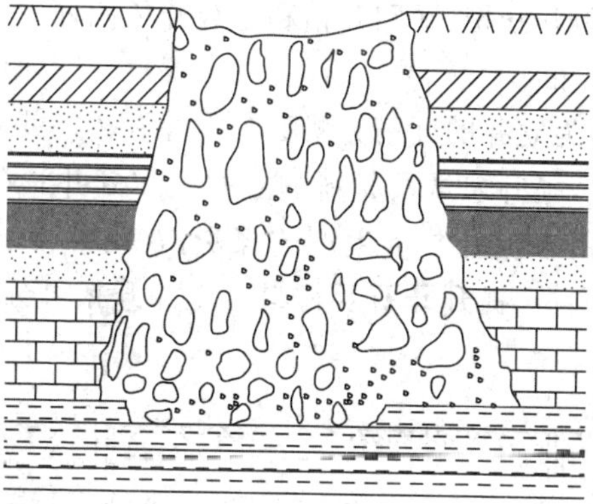

图 2-7　陷落柱

陷落柱对煤矿安全生产的影响主要有以下几个方面。

(1) 在陷落柱比较发育的矿区，煤系地层常遭到严重破坏，使煤炭储量减少。

(2) 陷落柱破坏了煤层的连续性，给巷道布置、采煤方法的选择造成很多困难。

(3) 采煤工作面若遇到陷落柱，整个生产组织将复杂化，对安全生产极为不利。

(4) 在富水矿区，陷落柱穿透含水层时，可将地下水导入井巷，对矿井安全生产的威胁极大。

第二节 煤矿开采基本知识

一、矿井开拓基本知识

（一）矿井开拓方式

为了开采地下的煤炭资源，必须在井田内从地面开掘一系列井（筒）巷（道）进入地下煤层，我们把这一系列井巷的设计、开掘统称为井田开拓。按照进入煤层的井硐形式不同，可将井田开拓分为立井开拓、斜井开拓、平硐开拓和综合开拓四种。

1. 立井开拓

主副井均为立井的开拓方式称为立井开拓。其中提升煤炭的立井叫作主井，提升人员及材料的立井叫作副井。在主井中一般都安装箕斗，用来提升井下生产的煤炭；在副井中一般都安装罐笼，用来升降人员、提升矸石及材料。立井开拓可分为多种方式，如图 2-8 所示。

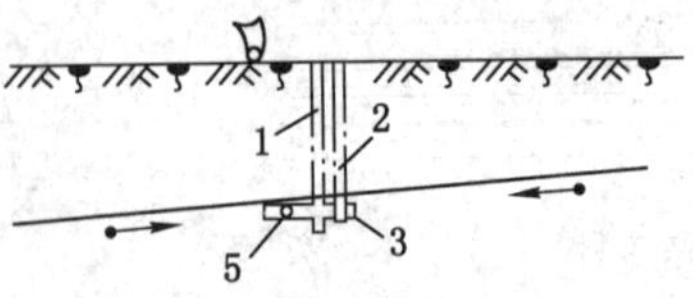

(a) 立井单水平上下山式

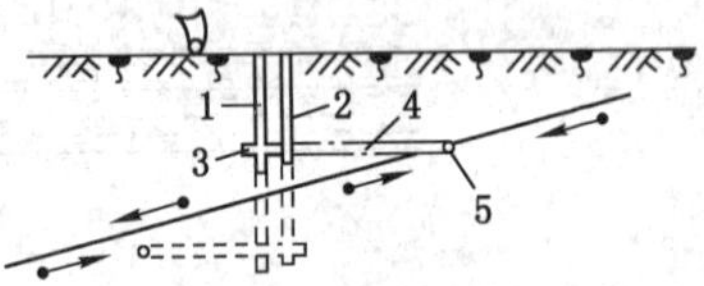

(b) 立井多水平上下山式

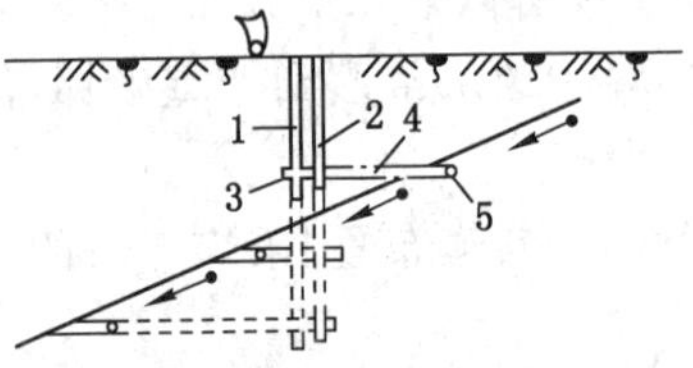

(c) 立井多水平上山式

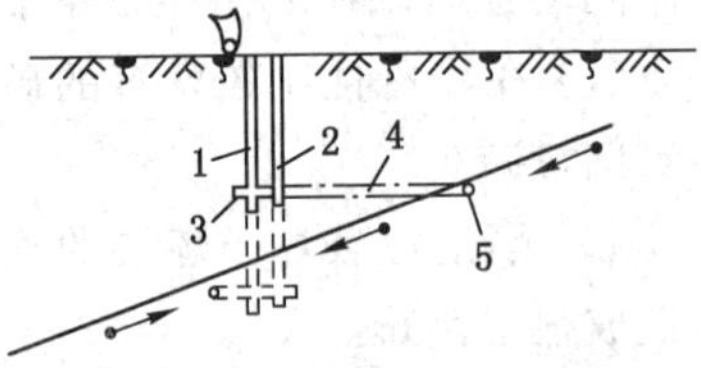

(d) 立井多水平上山式及上下山式混合式

1—主井；2—副井；3—井底车场；4—主要石门；5—开采水平运输大巷。

图 2-8 立井开拓的方式

立井开拓一般适用于煤层埋藏比较深、矿井水文地质条件比较复杂的煤层埋藏条件。

2. 斜井开拓

主副井均为斜井的开拓方式称为斜井开拓。斜井开拓分为片盘斜井和分区斜井两种开拓方式。如图 2-9、图 2-10 所示。

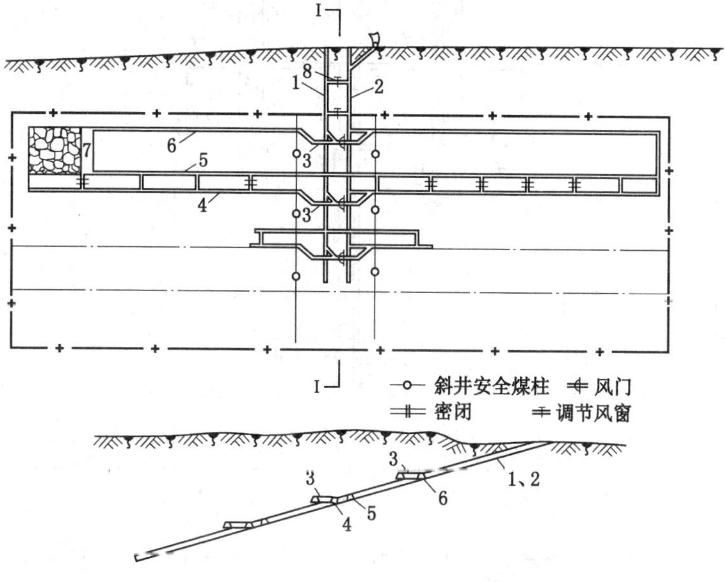

1—主井；2—副井；3—片盘车场；4—阶段运输平巷；
5—辅巷；6—阶段回风平巷；7—采煤工作面；8—联络巷。

图 2-9　片盘斜井开拓

根据矿井生产能力、井筒倾角大小不同，斜井开拓的井筒装备也不同。

斜井开拓适用于煤层埋藏较浅、表土层不厚、水文地质条件简单、井筒不需要特殊施工的缓倾斜煤层和倾斜煤层埋藏条件。

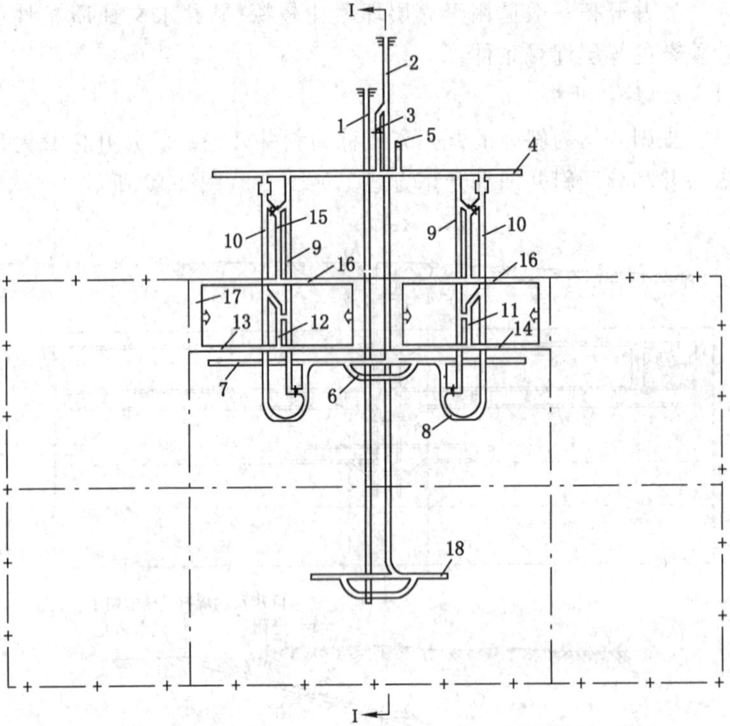

1—主斜井；2—副斜井；3—＋80 m 辅助车场；4—＋80 m 总回风道；5—边界风井；
6—井底车场；7—－100 m 运输大巷；8—采区下部车场；9—采区运输上山；
10—采区轨道上山；11—M4 区段运输平巷；12—区段运输石门；
13—M1 区 段运输平巷；14—M4 区段回风平巷；15—区段回风石门；
16—M1 区段回风平巷；17—采煤工作面；18—－280 m 运输大巷。

图 2-10　分区斜井开拓

3．平硐开拓

从地面利用水平巷道进入地下煤层的开拓方式称为平硐开拓。

平硐开拓常用在一些山岭和丘陵地区。

根据煤层与平硐的相对位置关系，平硐开拓可分为走向平硐、垂直平硐和斜交平硐。走向平硐和垂直平硐如图 2-11 所示。

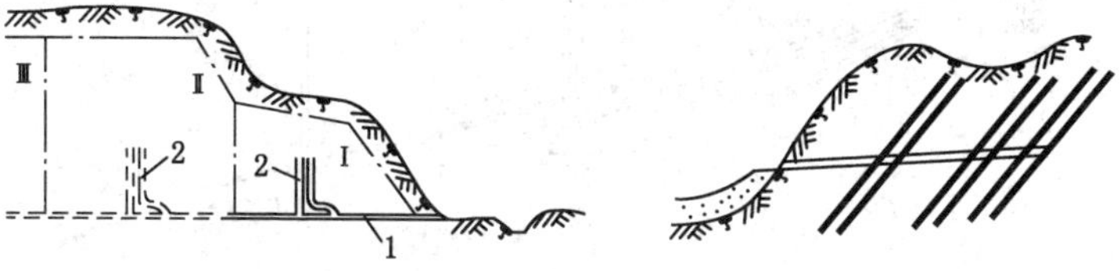

(a) 走向平硐　　(b) 垂直平硐

1—主平硐；2—盘区上山。

图 2-11　平硐开拓

平硐开拓是最优的和最简单的开拓方式，其生产系统简单，通过能力大，施工设备简单，施工容易，建设速度比其他方式要快，工期短，出煤快，初期投资少，利于排水，投入与运营成本相对较低，便于运输。

4. 综合开拓

矿井的主副井采用不同的井筒形式进行开拓时，称为综合开拓。常见的综合开拓方式有主斜井-副立井开拓（图 2-12）、平硐-立井开拓等。

（二）矿井生产系统

矿井的生产系统主要有采煤系统，运煤系统，通风系统，运料、排矸系统，排水系统，供电系统，供水系统等。

1. 采煤系统

在采区内布置准备巷道和回采巷道，建立完善的出煤、排矸、运料、通风、排水和供电等生产系统，称为采区巷道布置，亦称采煤系统。

根据不同的地质条件，采用不同的采煤工艺，采煤系统会有很大的差别。但是其巷道的构成是基本一致的，都由采煤工作面或切眼、采煤工作面上下平巷、采区上（下）山或盘区石门等巷道组成。

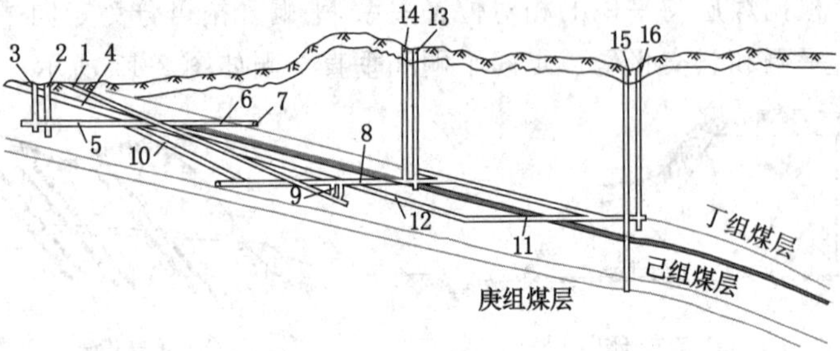

1—主斜井；2—一水平主立井；3—副立井；4—戊组采区回风井；
5，6—一水平戊组和丁组主石门；7—一水平分组运输大巷；
8—二水平主石门；9—二水平井底煤仓；10—二水平暗斜井；
11—三水平主石门；12—三水平暗斜井；13—二水平材料立井；
14—二水平回风立井；15—三水平材料立井；16—三水平回风立井。

图 2-12 大型矿井主斜井-副立井综合开拓

2. 运煤系统

运煤系统是把煤炭从采场运出，通过一些关联的巷道、井(硐)，利用一些运输设备将采煤工作面生产的煤炭运送到地面的系统。各种矿井开拓方式、不同的采煤方法都有其独特的和完整的采煤及运输煤炭的方法。

为保证连续生产，一般都在井下布置有采区煤仓和主煤仓用来缓解采运之间的矛盾，以实现均衡生产。

3. 通风系统

风流由进风井口进入矿井后，经过井下各用风场所，并从回风井排出矿井。风流所经过的整个路线及配套的通风设施，总称为通风系统。通风系统包括矿井通风方式、通风方法和通风网络。

4. 运料、排矸系统

煤矿井下掘进、采煤等场所所需的材料、设备，一般情况下都是从地面副井经由井底车场、大巷等运送的。而采煤工作面回收的材料、设备和掘进工作面运出的矸石，又要由与运料时相反的方向运至地面，这就形成了运料、排矸系统。

5. 排水系统

为了保证煤矿的生产安全，井下的自然涌水、工程废水等都必须排至井上。由排水沟、井底水仓及采区水仓、排水泵、排水管路等所形成的系统称为排水系统。

6. 供电系统

矿井的供电系统是非常重要的系统，它主要提供矿井生产的动力电源。

7. 供水系统

井下的供水系统是提供井下生产用水及洒水灭尘不可缺少的系统。

（三）采煤方法与采煤工艺

采煤方法为采煤系统与采煤工艺的总称。根据不同的矿山地质及技术条件，可以将不同的采煤方法与采煤工艺相结合，井田内的地质条件与开采条件的不同，直接影响到采煤方法的选择。采煤方法大体上可归纳为壁式采煤法和柱式采煤法两大体系。这两大体系的采煤方法在巷道布置、运输方式和采煤工艺上都有很大区别，采煤设备也不相同。世界上除美国等少数国家以柱式采煤法为主外，其他各主要产煤国都以壁式采煤法为主。

采煤工艺包括采煤工作面的破煤、装煤、运煤、支护及采空区处理。根据采煤工作面机械化程度不同，可分为爆破采煤、普通机械化采煤和综合机械化采煤。

1. 爆破采煤工艺

爆破采煤也称炮采，其工艺过程包括爆破落煤、装煤、运煤、炮采工作面的支护和采空区处理等。

(1) 爆破落煤。

爆破落煤是指先由采煤工人用煤电钻在煤壁上打眼（视煤层的厚度可打单排眼、双排眼或三排眼），眼深一般为 1～1.5 m，并向炮眼内安装炸药、雷管和填塞炮泥,再由爆破工人用专门的起爆器爆破。图 2-13 为单排眼布置爆破落煤。

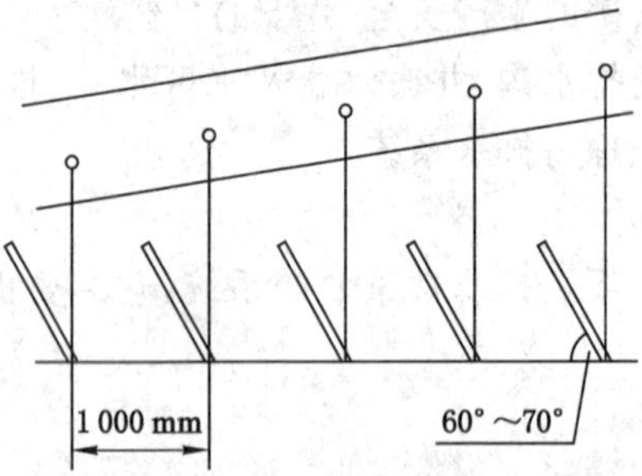

图 2-13　单排眼布置爆破落煤

(2) 装煤与运煤。

爆破后炸碎的煤堆积在煤层及底板上,需要用人力装入刮板输送机运出。工作面运煤是炮采工作面实现机械化的唯一工序。

(3) 炮采工作面的支护和采空区处理。

炮采工作面通常采用单体液压支柱配合金属铰接顶梁或者Ⅱ形梁支护。其布置方式有齐梁直线柱和错梁直线柱两种。一般根据直接顶的岩性采用 3～4 排管理。炮采工作面支护方式如图 2-14 所示。

(a) 最小控顶距　　(b) 最大控顶距

图 2-14　炮采工作面支护方式

炮采工作面采用单体支柱配合金属顶梁支护,在支护到人工回柱放顶过程中,由于支护强度较小加之是单体支柱,故而容易发生冒顶事故。

采空区处理方法一般为全部垮落法，即采煤工作面达到最大控顶距时，有计划地回收采空区一侧1～2排支柱，使顶板自然垮落，以减轻工作面支柱上的压力。同时，将垮落的直接顶充填于采空区内，以减轻基本顶对工作面的压力。

（4）炮采工作面的安全问题。

炮采工作面常出现炮烟中毒、拒爆、放空炮、爆破崩人、爆破崩倒支架及爆破引燃瓦斯等安全问题。

2. 普通机械化采煤工艺

普通机械化采煤工作面安装有单滚筒或双滚筒浅截齿采煤机、可弯曲刮板输送机、金属摩擦支柱或单体液压支柱、金属铰接顶梁以及液压千斤顶等设备。采煤工作面回采工艺的落煤、装煤和运煤实现了机械化，而支护和采空区处理需要由人工完成。

普采工作面采用单滚筒采煤机割煤，在割煤的同时，利用滚筒上的螺旋叶片将煤推入工作面的刮板输送机溜槽内。为了采煤机能顺利割煤，需要在工作面的两端人工打眼爆破开出切口，配合采煤机完成进刀工作。

3. 综合机械化采煤

综合机械化采煤是指采煤工作面的落煤、装煤、运煤、支护和采空区处理等主要工序全部实现了机械化。综采工作面的主要设备是自移式液压支架、采煤机、可弯曲刮板输送机和端头支护设备（端头支架）。

（1）综采工作面设备布置。

综采工作面设备有大功率的双滚筒采煤机、大功率的双中心链可弯曲刮板输送机、自移式液压支架、桥式转载机、可伸缩带式输送机，实现了采煤全过程机械化。动力装置有移动变电站和乳化液泵站。综采工作面设备布置如图2-15所示。

（2）综采工作面破煤。

综采工作面采用双滚筒采煤机，如图2-16所示。

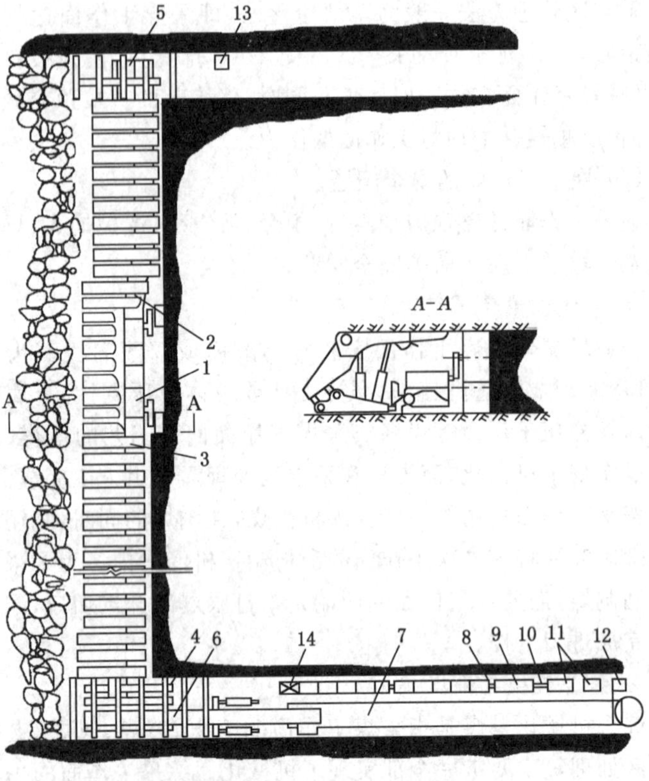

1—采煤机；2—刮板输送机；3—液压支架；4—下端头支架；
5—上端头支架；6—转载机；7—可伸缩带式输送机；
8—配电箱；9—乳化液泵站；10—设备列车；11—移动变电站；
12—喷雾泵站；13—液压安全绞车；14—集中控制台。

图 2-15 综采工作面设备布置图

① 综采工作面采煤机进刀方式。

双滚筒采煤机有自开缺口的能力。目前综采工作面大多采用端头或中部斜切进刀方式。图 2-17 为双滚筒采煤机端部割三角煤斜切进刀方式。

图 2-16　双滚筒采煤机

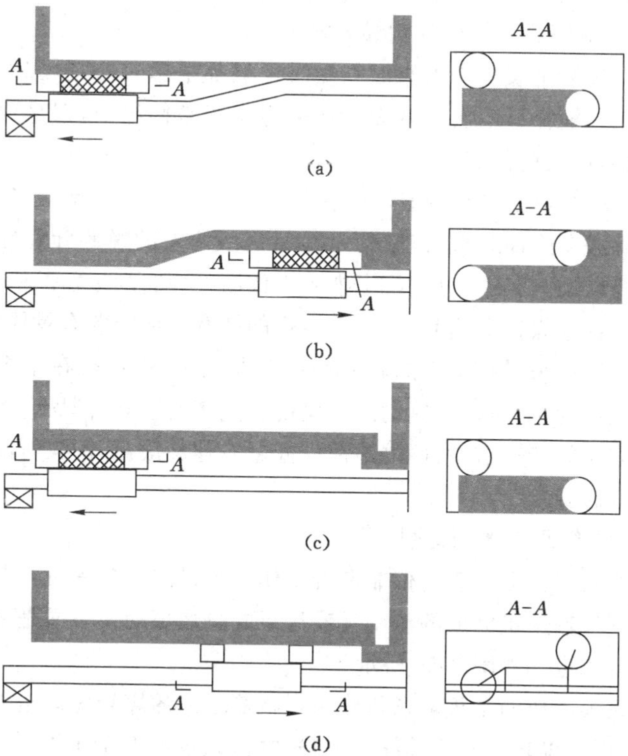

图 2-17　双滚筒采煤机端部割三角煤斜切进刀方式

图 2-17(a):当采煤机割至工作面端头时,其后方一定距离以外的输送机已移近煤壁,前后滚筒间尚留有一段底煤。

图 2-17(b):调换滚筒位置,前滚筒降下,后滚筒升起,并沿输送机弯曲段反向割入煤壁,直至输送机直线段为止,而后将输送机移直。

图 2-17(c):调换两个滚筒的上、下位置,重新返回割三角煤至输送机机头处,机身处留有一段底煤。

图 2-17(d):再次调换滚筒的上、下位置,采煤机上行,将机身下的底煤割掉。煤壁割直后,上行正常割煤。

② 双滚筒采煤机的割煤方式。

双滚筒采煤机在工作面割煤时一般都采用双向割煤,即采煤机在工作面往返一次进两刀。在采煤机正常割煤中,都是前滚筒割顶煤,后滚筒割底煤。

(3) 综采工作面装煤。

综采工作面装煤,依靠的是采煤机滚筒上的螺旋叶片在采煤机滚筒转动割煤中,直接将煤推入工作面可弯曲刮板输送机槽内。为了保证采煤机顺利装煤,对采煤机的螺旋滚筒配置有具体规定。

双滚筒采煤机滚筒的转向和位置原则是:当司机在采煤工作面操作位置时,司机左侧的滚筒应配置左螺旋滚筒,割煤时滚筒逆时针方向旋转;司机右侧的滚筒应配置右螺旋滚筒,割煤时滚筒顺时针方向旋转。

(4) 综采工作面运煤。

综采工作面运煤是依靠沿着工作面铺设的大功率可弯曲双中心链刮板输送机完成的。刮板输送机既是运煤的设备又是采煤机的运行轨道。如图 2-18 所示。

采煤工作面刮板输送机将采煤机割下来的煤炭先运至平巷转载机,再将煤转载至可伸缩带式输送机,以运出工作面。

(5) 综采工作面支护及采空区处理。

图 2-18　可弯曲刮板输送机

液压支架是综采工作面的主要标志。它由顶梁、底座、推移千斤顶、立柱、控制装置等组成。按其与围岩的相互作用方式，液压支架可分为支撑式液压支架、掩护式液压支架和支撑掩护式液压支架三种。

① 支撑式液压支架(垛式支架)：顶梁较长，支撑力大，一般为四柱，切顶性能较好，适用于顶板坚硬完整、周期压力明显和底板较硬的薄及中厚煤层。如图 2-19 所示。

② 掩护式液压支架：支架的顶梁较长，有一个整体的掩护板可将工作空间和采空区完全隔开，适用于中等稳定和易于冒落的顶板。如图 2-20 所示。

③ 支撑掩护式液压支架：以支撑为主，兼有隔离采空区矸石的能力。它的作用介于支撑式液压支架和掩护式液压支架之间，是目前重点发展的架型。如图 2-21 所示。

各种类型支架的动作原理基本相同，均用高压乳化液作为动力。支架的操作由操纵阀控制，可在本架、邻架或分组控制。

综采工作面在移架过程中，采空区后方悬露的直接顶在矿山压力的作用下一般会自然垮落，如果直接顶坚硬、悬顶距离过大，

图 2-19　支撑式液压支架

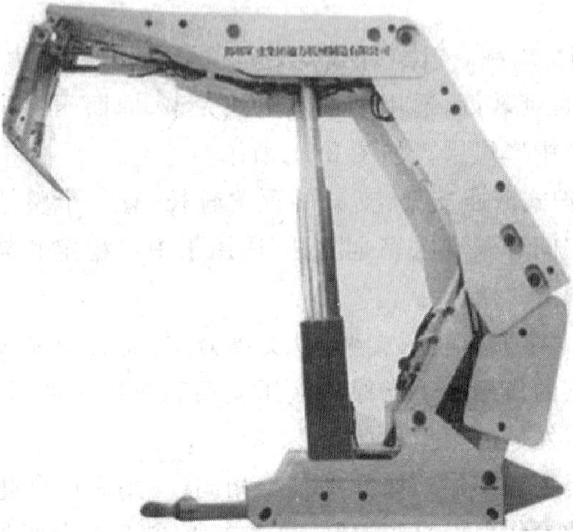

图 2-20　掩护式液压支架

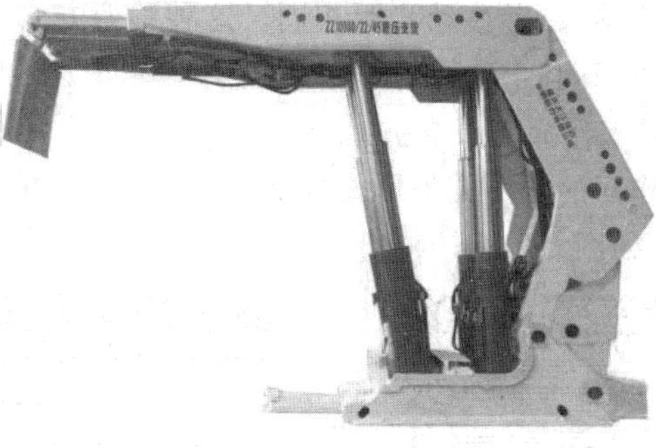

图 2-21　支撑掩护式液压支架

就必须进行强制放顶以减轻支架上方的压力。综采工作面的移架方式有依次顺序式移架、分组间隔交错式移架和分组整体依次顺序式移架三种。

① 依次顺序式移架：又称单架连续式移架，支架沿采煤机牵引方向依次前移，移动步距等于截深，支架移成一条直线。该方式操作简单，容易保证规格质量，能适应不稳定顶板，应用较多。

② 分组间隔交错式移架：移架速度快，适用于顶板较稳定的工作面。

③ 分组整体依次顺序式移架：每次移 1 组，每组 2～3 架。该方式适用于煤层地质条件好、采煤机快速牵引割煤的日产万吨综采工作面。

(6) 综采工作面工序配合方式。

综采工作面主要工序有采煤机割煤、移架、推移输送机等，其配合方式如下。

① 及时支护方式。采煤机割煤以后，支架依次或分组跟机立即前移，输送机随移架逐段移向煤壁，推移步距等于采煤机的截深。

② 滞后支护方式。割煤以后，输送机首先逐段移向煤壁，支

架随输送机前移,二者移动步距相同。这种移架方式由于顶板的空顶时间较长,不利于顶板管理,所以应用比较少。

(7) 综采工作面端头支护。

综采工作面的端头支护形式有单体液压支柱支护和自移式端头支架支护,如图 2-22 所示。

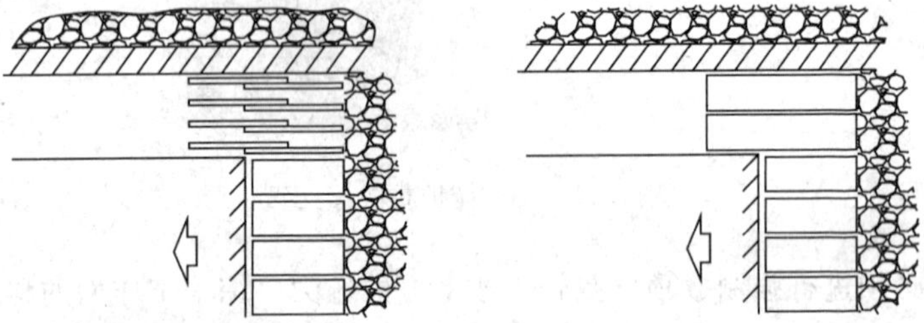

(a) 单体液压支柱支护　　(b) 自移式端头支架支护

图 2-22　综采工作面端头支护形式

① 单体液压支柱支护,如图 2-22(a)所示。该支护方式与普通机械化采煤工作面相同,优点是适应性强,缺点是支护能力较小,劳动强度大。

② 自移式端头支架支护,如图 2-22(b)所示。该支护方式是在工作面上下缺口处各布置两架端头支架,优点是支护能力强、移动速度快,缺点是对平巷条件适应性比较差。

现场工作中端头支架形式要根据具体工作条件选择。

(8) 综采工作面安全管理面临的问题。

① 人为因素造成的安全问题。

造成安全隐患的人为原因主要有:矿工的专业素质不高、文化程度较低,矿工队伍的素质与新技术、新装备的发展不相适应,班组管理不严谨、内部责权利分工不清晰,岗前的安全技术培训未落到实处,安全生产的制度、方针政策以及措施等未落实到矿工身上。

② 设备因素造成的安全问题。

机械设备因素是造成煤矿综采工作产生安全隐患的主要原因之一，其中较为常发的主要有顶板事故、运输事故和机电事故等。机械设备的使用和维修不当、设备的维护检查不合格等原因导致的工作面涌水、瓦斯爆炸、顶板事故以及粉尘爆炸等事故时有发生。

③ 环境因素造成的安全问题。

环境因素是导致煤矿事故发生的基础因素，也是影响煤矿综采工作面安全的重要因素。环境因素主要包括湿度、温度、照度、瓦斯、噪声和生产空间等。矿井下的生产环境非常恶劣，对人的生理和心理健康状况都会产生消极影响。同时，恶劣的生产环境也会对机械设备造成严重的影响和破坏。

④ 煤矿安全管理的系统分析。

基础安全管理和动态安全管理是煤矿安全管理的两个主要方面。在目前煤矿综采工作面的安全管理中，安全管理的结构不完善、监管力度不够、安全管理的检查和评估标准存在缺陷等，导致安全管理系统的评估标准不统一、评估结果缺乏可信度，使煤矿安全评估工作无法制度化和系统化。

4. 特厚煤层采煤法

煤层厚度超过 6 m 时，采用长壁工作面一次采全高比较困难。采高越大，顶板越不易控制，对支护设备材料和结构的要求也越高，安全越难保证。为克服这些困难，可将厚煤层进行分层依次开采，或者采用放顶煤开采方法。

(1) 特厚煤层分层采煤法。

特厚煤层的分层方法主要有倾斜分层、水平分层和斜切分层三种。

① 倾斜分层：沿煤层的倾斜方向，在煤层厚度上将煤层分为若干个分层，各分层的顶板与煤层顶底板平行。在各分层内布置

工作面,各分层依次或同时开采。这种方法适用于开采倾斜及以下的特厚煤层。

② 水平分层:把特厚煤层划分为与水平面平行的若干分层。水平分层适用于开采急斜特厚煤层。

③ 斜切分层:沿煤层走向从顶板以一定的角度将煤层分为若干分层。

(2) 特厚煤层放顶煤采煤法。

放顶煤采煤法是在特厚煤层的某一底部位置布置采煤工作面,其回采工艺与缓斜厚及中厚煤层长壁回采工艺基本相同,但是多了一个利用矿山压力措施将顶煤一起放落的工艺过程。

放顶煤采煤法包括以下四种类型。

① 一次采全厚放顶煤开采。它是在煤层底板布置采煤工作面,在采落的同时放落顶板。该方法一般适用于厚度为6～12 m的缓斜特厚煤层。我国在放顶煤采煤中主要使用这种方法。

② 预采顶分层放顶煤开采。具体方法是:先沿煤层顶板布置一个普通一次采全高的长壁工作面,预采顶分层;再沿煤层底板布置放顶煤工作面,将两个工作面之间的顶煤放出。这种方法适用于直接顶坚硬、不易冒落,或者煤层中瓦斯含量大、需要预先排放瓦斯的煤层。

③ 倾斜分段放顶煤开采。当煤层厚度超过15～20 m时,可自煤层顶板至底板将煤层分成若干个分段,依次进行放顶煤开采。该方法一般适用于厚度在15～20 m以上的煤层。

④ 急倾斜特厚煤层水平分段放顶煤开采。该方法沿垂直高度自上而下分段逐个布置水平或倾斜工作面进行放顶煤开采。

第三章　煤矿主要灾害事故防治

第一节　瓦斯事故及防治

瓦斯事故是指由于瓦斯的存在并失控而导致的事故，包括瓦斯爆炸事故、煤与瓦斯突出事故、瓦斯燃烧事故、窒息事故等。

一、矿井瓦斯

（一）矿井瓦斯的性质

矿井瓦斯是指矿井中主要由煤层气构成的以甲烷为主的有害气体，有时单独指甲烷。甲烷是无色、无味、无臭的气体，不易溶于水，相对空气密度为 0.554，有很强的扩散性、渗透性，本身无毒，不能供人呼吸，不助燃，但具有燃烧和爆炸性。

瓦斯在煤层及围岩中的赋存状态有以下两种。

（1）游离状态。瓦斯以自由气体状态存在于煤层或围岩的空隙之中，其分子可自由运动，处于承压状态。

（2）吸附状态。吸附状态的瓦斯按照结合形式的不同，可分为吸着状态和吸收状态。吸着状态是指瓦斯被吸着在煤体或岩体微孔表面，在表面形成瓦斯薄膜；吸收状态是指瓦斯被溶解于煤体中，与煤的分子相结合。

（二）矿井瓦斯的危害

矿井瓦斯的危害主要有以下三个方面。

（1）当空气中瓦斯的含量达到一定值时，遇火就会燃烧或爆炸。当瓦斯气体和氧气的量相匹配时，反应就会充分、剧烈，表现为瓦斯爆炸；反之则表现为瓦斯燃烧。

(2) 当空气中的瓦斯浓度很高时,氧含量会相对降低,使人窒息。

(3) 当煤层及围岩中的瓦斯气体达到一定的压力时,在冲击地压和采掘活动等诱因作用下,会导致煤与瓦斯突出。

(三) 矿井瓦斯等级的划分

根据矿井相对瓦斯涌出量、矿井绝对瓦斯涌出量、工作面绝对瓦斯涌出量和瓦斯涌出形式,矿井瓦斯等级划分为低瓦斯矿井、高瓦斯矿井和突出矿井。

二、矿井瓦斯爆炸及防治

矿井瓦斯爆炸就其本质来说,是一定浓度的甲烷和空气中的氧气在一定温度的作用下产生的激烈的氧化反应。矿井瓦斯爆炸的危害非常大,能产生 1 850 ℃以上的高温气体和强大的冲击波,从而造成人员伤亡和设备、设施的损坏;如果爆炸源附近的沉积煤尘被扬起,还会导致煤尘爆炸;瓦斯爆炸产生的大量的有毒有害气体,会造成人员中毒而伤亡。

(一) 瓦斯爆炸的条件

瓦斯爆炸必须同时具备三个条件,即:一定浓度的瓦斯,瓦斯浓度为 5%~16%;一定温度的引燃火源,瓦斯在空气中的引爆温度为 650~750 ℃;足够的氧气含量,氧含量达到 12%。三者缺一不可。

(二) 瓦斯爆炸事故的预防

瓦斯爆炸事故是可以预防的。预防瓦斯爆炸是指消除瓦斯爆炸的条件,并限制爆炸火焰向其他区域传播。预防瓦斯爆炸事故主要从以下三个方面考虑。

1. 防止瓦斯积聚

(1) 加强通风。加强通风是防止瓦斯积聚的根本措施。瓦斯矿井的通风必须做到有效、稳定和连续不断,才能将井下涌出的瓦斯及时稀释并排除。

(2) 先抽后采。先抽后采是预防瓦斯事故的治本措施。对于采用一般通风方法不能解决瓦斯超限的矿井或工作面，可以采用抽采瓦斯的方法，将瓦斯抽排至地面。

(3) 及时处理积聚的瓦斯。瓦斯积聚是指局部空间的瓦斯浓度达到2%、体积超过0.5 m^3 的现象。当发生瓦斯积聚时，必须及时处理，以防止局部区域瓦斯达到爆炸浓度的下限。

(4) 加强检查和监测瓦斯。井下采掘工作面和其他地点要按要求检查瓦斯浓度。对于不同地点的瓦斯浓度，《煤矿安全规程》有明确规定。同时，矿井必须装备安全监测监控系统。

2. 防止出现引爆火源

引爆瓦斯的火源主要有明火、爆破火焰、电火花及摩擦火花四种。

《煤矿安全规程》规定，严禁携带烟草和点火物品下井；井下严禁使用灯泡取暖和使用电炉；井下严格电焊、气焊和喷灯焊管理；严格井下火区管理；防止出现爆破火焰；井下不得带电检修电气设备，严禁带电搬迁非本质安全型电气设备、电缆；井下防爆电气设备的运行、维护和修理工作，必须符合防爆性能的各项技术要求。

3. 防止瓦斯爆炸灾害扩大

井下局部区域一旦发生瓦斯爆炸，应尽可能缩小其波及范围，避免继发性的瓦斯煤尘爆炸。防止瓦斯爆炸灾害扩大的措施有以下几种。

(1) 实行分区通风。每一生产水平和每一采区，都必须布置单独的回风巷，防止事故发生区域对其他区域的影响。

(2) 安设隔爆设施。有煤尘、瓦斯爆炸危险的矿井，都必须按要求安设隔爆水槽或岩粉棚，主要是利用它们的降温作用，破坏相邻区域发生继发性煤尘爆炸的条件，防止事故扩大化。

(3) 建立矿井紧急避险系统、压风自救系统，以保证发生事故时相关人员可以有效避难，从而减小伤亡和损失。

(4) 组织编制灾害预防和处理计划以及事故应急预案,并组织演练,提高逃生能力。

三、煤(岩)与瓦斯(二氧化碳)突出事故及防治

煤(岩)与瓦斯(二氧化碳)突出是指在地应力和瓦斯(二氧化碳)气体压力的共同作用下,破碎的煤(岩)和瓦斯(二氧化碳)瞬间由煤体(岩体)内突然喷出到采掘空间的现象。煤(岩)与瓦斯(二氧化碳)突出是一种破坏性极强的动力现象,常发展成较大型事故。强大的能量释放,能摧毁井巷设施,破坏通风系统,造成人员窒息,甚至引发火灾和瓦斯、煤尘爆炸等二次事故,严重时会导致整个矿井正常生产系统的瘫痪。

(一) 煤(岩)与瓦斯(二氧化碳)突出的预兆

(1) 有声预兆。煤层在变形过程中发出劈裂声、爆竹声、闷雷声,间隔时间不一,在突出瞬间常伴有巨雷般的响声;支架受力发出“嘎嘎”的声音,甚至折裂的声音。

(2) 无声预兆。其主要表现是:① 煤层结构变化,层理紊乱,煤层由硬变软、由薄变厚,倾角由小变大,煤由湿变干、暗淡无光泽,煤层顶底板出现断裂,煤岩严重破坏等。② 瓦斯涌出异常(忽大忽小)、煤尘增大、气温异常、气味异常,打钻喷瓦斯、喷煤粉并伴有哨声、蜂鸣声等。③ 地压显现、岩煤开裂掉渣、底鼓、岩煤自行剥落、煤壁颤动、钻孔变形等。

(二) 煤(岩)与瓦斯(二氧化碳)突出的预防措施

煤(岩)与瓦斯(二氧化碳)突出矿井应当根据实际状况和条件,制定区域综合防突措施和局部综合防突措施。

区域综合防突措施是指在突出煤层进行采掘前,对突出煤层较大范围采取的防突措施。区域防突措施包括开采保护层和预抽煤层瓦斯两类。开采保护层分为开采上保护层和下保护层两种方式。预抽煤层瓦斯可采用的方式有地面预抽煤层瓦斯、井下穿层钻孔预抽煤层瓦斯和顺层钻孔预抽煤层瓦斯等。

局部综合防突措施包括预震动爆破、水力冲孔、金属骨架、煤体固化、注水湿润煤体及其他经试验证实有效的防突措施。

第二节　水害事故及防治

矿井水灾是煤矿的主要灾害之一。在煤矿建设和生产过程中，往往会遇到程度不同的透水事故，轻则造成排水设备增多、费用增大、原煤成本提高、采区接续紧张，影响生产建设的发展；重则发生淹井事故、人员伤亡，经济损失巨大。因此，必须加强水文地质工作，掌握矿井水灾的水源分布和造成水灾的原因，采取相应的防治措施，防止水患的发生。

一、矿井水源

矿井突水的主要水源有含水层水、地表水、老空积水、大气降水、断层积水等。

二、矿井水害发生原因分析

（1）地面防水措施不当，或因对防洪设施管理不善，雨季山洪由井筒或塌陷区裂缝大量灌入井下，而造成水灾。

（2）水文地质资料不明，盲目施工。

（3）井口位置低于历年最高洪水位，井巷位置选择不合理等，都能发生水灾。如井巷置于不良的地质条件中或接近强含水层附近，易导致顶底板透水。

（4）施工质量低劣，井巷塌落冒顶，导致顶板含水层发生透水事故。

（5）小煤窑乱采掘，破坏防水煤、岩柱而造成透水。

（6）测量失误和违章作业，造成水灾。

三、矿井透水的预兆

采掘工作面透水前一般都有预兆，井下工作人员熟悉这些预兆，对于及时采取对策、保证人员安全撤离有着重要意义。矿井透水预兆如下。

(1) 煤壁或巷道“挂红”酸度大，水味发涩、有臭鸡蛋味，这是老空水的特点。铁锈使水变成红色，水含硫化氢时有臭鸡蛋味，酸性水发涩。

(2) 煤壁或巷道“挂汗”，这是由于积水透过微孔隙而凝聚于岩石或煤层表面。顶板“挂汗”，多为尖形水珠，有“承压欲滴”之势。自然预兆中的“挂汗”为平形水珠，是蒸汽凝结于顶板所形成。

(3) 煤层变冷，巷道出现雾气。煤层含水增大时，热导率增大，用手摸煤壁时有发凉的感觉。

(4) 顶板来压、淋水加大，或底板鼓起并有渗水。

(5) 出现压力水线(或称水线)。这表明距水源已较近，应密切注视水流情况。若出水混浊，说明离水源很近。

(6) 出现水流声。煤层有水挤出，并发出“嘶嘶”声，有时尚能听到空洞水声，这是透水危险的征兆。

(7) 工作面有害气体增加。这是因为积水区常散发瓦斯、二氧化碳、硫化氢等。

(8) 煤发潮、发暗、无光泽。如果附近有积水，干燥、光亮的煤由于水的渗入会变得潮湿、暗淡。

四、矿井防治水

矿井防治水工作应本着“精准探测、超前治理、科学防控、绿色安全”的理念，坚持“预测预报、有疑必探、先探后掘、先治后采”的原则，落实“探、防、堵、疏、排、截、监”综合防治措施，形成“一矿一策”“一面一策”制度，建立“理念先进、基础扎实、勘探清楚、科技攻关、综合治理、效果评价、应急处置”的煤矿防治水工作体系。

(一) 地表水防治

在近水体下开采时，当受地表水体威胁，应留足防隔水煤(岩)柱；在松散含水层下开采时，应按照水体采动等级留设防水、防砂或者防塌等不同类型的防隔水煤(岩)柱。

陕北地区薄基岩下开采受地表水威胁时，可选用疏放水、河床改造、河流改道及降低采高等措施，经工作面采前防治水安全评价认为威胁消除后，方可回采。

（1）对可能波及的废弃老窑、地面塌陷坑、采动裂隙以及可能影响煤矿安全生产的地表水体、水源井等进行调查，做好相应调查记录、更新台账并采取相应防范措施。

（2）完善井口和工业场地防洪设施，对可能溃入井下的、井口附近或塌陷区波及范围的地表水体应采取防范措施，清理淤塞的河道、沟渠。

（3）对水泵、水管、排水用的配电设备和输电线路，雨季前应全面检修一次；做好排水系统的检修和水仓、水沟、沉淀池的清理工作；雨季前完成全部工作水泵、备用水泵及潜水泵的联合排水试验工作。

（4）及时对地表采动裂缝及塌陷坑等进行充填压实治理。

（5）对于导水裂隙带可与地表沟谷沟通的地段，应避开雨季回采并建立暴雨停产撤人管理制度。

（二）井下水害防治

（1）严格执行井下探放水“三专”要求。由专业技术人员编制探放水设计，采用专用钻机进行探放水，由专职探放水队伍施工。严禁使用非专用钻机探放水。

严格执行井下探放水“两探”要求。采掘工作面超前探放水应当同时采用钻探、物探两种方法，做到相互验证，查清采掘工作面及周边老空水、含水层的富水性以及地质构造等情况。有条件的矿井，钻探可采用定向钻机，开展长距离、大规模探放水。

采掘工作面遇有下列情况之一的，必须进行探放水。

① 接近水淹或者可能积水的井巷、老空区或者相邻煤矿时；

② 接近含水层、导水断层、溶洞或者导水陷落柱时；

③ 打开隔离煤柱放水时；

④ 接近可能与河流、湖泊、水库、蓄水池、水井等相通的导水通道时；

⑤ 接近有出水可能的钻孔时；

⑥ 接近水文地质条件不清的区域时；

⑦ 接近有积水的灌浆区时；

⑧ 接近其他可能突水的地区时。

(2) 对于影响采掘安全的煤层顶板导水裂隙带范围内的含水层或者其他水体，应采用超前疏放、注浆改造含水层、帷幕注浆、疏排、充填开采或者限制采高等方法防治。煤层顶板存在富水性中等及以上含水层或者其他水体威胁时，煤矿应对顶板导水裂隙带发育高度进行实测。

陕北地区存在烧变岩水威胁的矿井，应采用地面磁法、瞬变电磁法等至少两种地面物探方法，结合钻探、化探、水文地质试验等方法，对烧变岩赋存、富水性特征及补给条件进行探查。当烧变岩有稳定补给时，可采用留设防隔水煤(岩)柱、帷幕截流等方法治理。若烧变岩无稳定补给时，可采用留设防隔水煤(岩)柱、疏放水(抽水)等方法治理。

(3) 受底板承压含水层水威胁的矿井，应编制开采可行性评价报告，由煤矿企业总工程师组织审定。可采用疏水降压、井下注浆加固改造煤层底板、地面区域超前治理或充填开采等措施，并进行效果检验，保证隔水层能够承受的水头值大于实际水头值。防治方案应由煤矿企业总工程师审批。

(4) 煤矿应当根据老空水查明程度和防治措施落实到位程度，对老空水害防治实行分区管理，并由煤矿总工程师组织审批。老空积水情况清楚且防治措施落实到位的区域划为可采区，否则划为缓采区。缓采区由煤矿地测部门编制老空水探查设计报告，通过井上下探查手段查明老空积水情况，防治措施落实到位后，转为可采区。缓采区经治理后仍不能保证安全开采的，划为禁采区。

当老空区有大量积水或者有稳定补给源时，应当优先选择留设防隔水煤(岩)柱；当老空区积水量较小或者没有稳定补给源时，应当优先选择超前疏干(放)方法；对于有潜在补给源的未充水老空区，应当采取切断可能补给水源或者修建防水闸墙等隔离措施。

存在老空水威胁的矿井，当采用疏放措施时，应严格落实老空水探放“四步工作法”，即查全、探清、放净、验准。在采掘工程平面图、矿井充水性图上要标明积水线、探水线、警戒线、积水量等，空间探测范围要保证巷道掘进安全。探放水前应确定如下参数：

① 老空区积水量、积水边界线、积水标高和水柱高度。

② 探水线：探查无可靠资料的老空水，应先确定可疑区域，再由可疑区域边界水平外推 100 m 作为探水线；探查有一定图纸资料作为参考的较可靠的老空水，应由积水边界线水平外推 80 m 作为探水线；煤矿自己开采的老空区位置准确、积水情况清楚时，根据水头值高低、煤(岩)层厚度、强度及安全技术措施等确定探水线。

③ 警戒线：图纸资料可靠的探水线水平外推 40 m 作为警戒线，图纸资料较可靠的探水线水平外推 50 m 作为警戒线，图纸资料不可靠的探水线水平外推 80 m 作为警戒线。

第三节　矿尘爆炸事故及防治

矿尘是煤矿井下任何工作地点和地面井口房、选煤厂都具有的一种有害物质，是煤矿五大灾害之一。它不仅影响工作人员的身体健康，而且大多数矿尘具有爆炸性，严重威胁着煤矿的安全生产。在生产过程中长期吸入生产性矿尘能引起以肺组织纤维化为主的尘肺病。因此，必须采取综合防尘措施和预防、隔绝矿尘爆炸的措施，减少对矿工造成的危害。

一、矿尘的基本概念

矿井粉尘是飘浮在矿井空气中或者已经沉落的矿物微粒。悬浮于空中的称浮尘,沉降下来的称落尘。煤矿生产的各个环节均产尘。

二、矿尘的分类

矿尘按其成分不同,可分为煤尘、岩尘和水泥尘;按对人的危害不同,可分为总粉尘和呼吸性粉尘。

(1) 总粉尘:粒径在 5 μm～1 mm 的矿尘。大于 1 mm 的矿尘一般飞不起来。

(2) 呼吸性粉尘:粒径在 5 μm 以下的矿尘,能通过人的呼吸道进入肺部,导致人患尘肺病,简称吸尘。人吸入煤尘患的煤肺病、吸入岩尘患的硅肺病、吸入水泥尘患的水泥肺病,统称为尘肺病。粉尘中含游离二氧化硅,二氧化硅含量在10%以上的粉尘叫硅尘,它是引起矿工硅肺病的主要因素。矿尘中游离二氧化硅的含量越大,对人的危害越大。

《煤矿安全规程》对作业场所空气中粉尘浓度的要求如表 3-1 所示。

表 3-1 作业场所空气中粉尘浓度要求

粉尘种类	游离二氧化硅含量/%	时间加权平均容许浓度/(mg·m^{-3})	
		总尘	呼尘
煤尘	＜10	4	2.5
硅尘	10～50	1	0.7
	50～80	0.7	0.3
	≥80	0.5	0.2
水泥尘	＜10	4	1.5

注:时间加权平均容许浓度是以时间加权数规定的 8 h 工作日、40 h 工作周的平均容许接触浓度。

三、矿尘的产生及危害

（一）主要产生工序

煤矿作业的各个生产环节都产尘。钻眼作业，如气动凿岩机或煤电钻打眼、打锚杆眼、注水眼等；炸药爆破、采煤机割煤、装煤和掘进机掘进；采场支护、放顶、巷道支护，特别是锚喷支护、装载、运输、转载、卸载和提升、通风安全设施的构筑等均产尘。据测定，干打眼时，粉尘浓度可达 472 mg/m^3；爆破时，粉尘浓度可达 46 mg/m^3；装渣时，粉尘浓度可达 87 mg/m^3；喷混凝土时，粉尘浓度可达 103 mg/m^3。采掘工作面产尘量最多，约占全部矿尘的 80%；其次为运输系统各装载点，也有相当数量的矿尘。

（二）矿尘的危害

矿尘的危害主要表现在对人体健康和安全生产两个方面。

第一，工人长期吸入矿尘以后（如硅尘和煤尘），轻者会患呼吸道炎症，重者会患尘肺病，而尘肺病引起的矿工致残和死亡人数，在国内外都十分惊人。世界各国都在积极开展预防和治疗尘肺病的工作，并已取得了较大进展。

第二，矿尘危害的另一个表现是燃烧和爆炸。例如，矿尘能够在完全没有瓦斯存在的情况下爆炸，并给矿井以突然性的袭击，酿成严重的灾害。

除此以外，煤矿粉尘能加速机械的磨损、减少精密仪表的使用寿命，能降低工作场所的能见度，使工伤事故增多。因此，认真做好煤矿粉尘防治工作，是矿井安全生产管理中必不可少的环节。

四、矿尘爆炸条件及危害

（一）矿尘爆炸的条件

矿尘发生爆炸必须同时具备三个条件，少一条都不会爆炸。

（1）矿尘本身具有爆炸性，而且悬浮在空气中，并达到一定的浓度。爆炸的下限浓度为 45～50 g/m^3，上限浓度为 1 500～2 000 g/m^3。

(2) 火源温度为 610～1 050 ℃。井下的电气火花、爆破火花、机械撞击和摩擦火花都能达到这样的温度。

(3) 氧气浓度不低于18%。氧气浓度在18%以下时,矿尘不能爆炸,但是井下正常通风地点的氧气浓度不可能在18%以下。

(二) 矿尘爆炸的危害

(1) 产生高温。爆炸火焰瞬间温度高达 2 300～2 500 ℃。

(2) 产生高压。爆炸理论压力为 736 kPa,实验压力为 0.5～1.0 MPa;爆炸冲击波扬起的积尘,可引起连续爆炸。

(3) 产生大量的有害气体。如一氧化碳的浓度高达2%～4%,二氧化碳的浓度高达4%～8%,氧气的浓度下降到仅为6%～8%。

(三) 影响矿尘爆炸的主要因素

(1) 煤的挥发分含量:挥发分越高,爆炸性越强。

(2) 煤的灰分和水分:吸热,降尘,降低爆炸性。

(3) 矿尘粒度:粒度越小,爆炸危险性越大。

(4) 瓦斯浓度:瓦斯增高,爆炸下限下降、上限提高。

(5) 氧气含量:氧气含量越高,点燃温度越低;反之,则较困难。

(6) 引爆热源:温度越高,越易点燃;反之,越难点燃。

五、矿尘爆炸事故的预防

(一) 综合防尘措施

《煤矿安全规程》第六百四十四条规定,矿井必须建立消防防尘供水系统,并做了具体规定。

目前,我国煤矿井下主要采用以风和水为主的综合防尘技术。

1. 通风除尘

通风除尘是利用通风将井下悬浮矿尘排出,降低作业场所的矿尘浓度的方法。经试验得到最低排尘风速为 0.25～0.5 m/s;最优排尘风速为 1.2～1.6 m/s。当风速大于此风速时,就有二次扬尘的作用,风速越高,扬尘作用越强。

2. 煤层注水

预先在干燥的煤体中打眼注入高压水，预湿煤体，可大大减少采掘时产生的煤尘。

3. 湿式作业

湿式作业包括湿式打眼、水炮泥爆破，爆破前后喷雾洒水、洒水装煤(岩)，综采、综掘内外喷雾系统降尘等。

4. 清扫积尘

应定期或不定期对井下环境中的积尘进行清扫、冲洗。

5. 装载点设水幕、水帘

在各运输装载点或重要进回风巷道设置必要的水幕、水帘，可以净化风流和降尘。

6. 个人防护

在工作面矿尘没有降下来之前，作业人员尽量不要进入工作。另外，应注意经过一系列降尘措施后，虽然大量矿尘被除掉了，但还有一定量的余尘、微尘，作业人员要佩戴防尘口罩等，以起到辅助防尘作用。

(二) 防止矿尘爆炸的火源

1. 加强明火管理，提高防火意识

严禁携带烟草、点火物品和穿化纤衣服入井；井下严禁使用电炉和灯泡取暖，不得从事电焊、气焊和喷灯焊等；新工人入井前必须接受防火、防爆的安全教育，提高安全意识。

2. 严格爆破管理

在有瓦斯、煤尘爆炸危险的煤层中，采掘工作面爆破都必须使用煤矿许用雷管和炸药；使用合格的发爆器爆破；井下爆破工作必须由专职的爆破工担任；爆破前必须充填好炮泥；严禁放明炮、糊炮；严禁超量装药等。

3. 防止出现电火花

井下严禁带电检修，严禁带电搬迁非本质安全型电气设备、电缆。井下供电应做到无“鸡爪子”、“羊尾巴”和“明接头”，有过电流、漏电保护和保护接地装置；应坚持使用检漏继电器，坚持使用煤电钻综合保护，坚持使用局部通风机风电闭锁。矿灯发放前应保证完好，在井下严禁敲打、撞击矿灯，严禁私自拆开矿灯。

4. 防止出现摩擦和撞击火花

随着井下机械化程度的日益提高，机械摩擦、撞击火花相应增加。这主要是由违章操作产生的，因此禁止违章操作是关键。

（三）防止煤尘爆炸扩大的措施

防止煤尘爆炸危害，除采取防尘措施外，还应采取降低爆炸威力、隔绝爆炸范围的措施，以防止爆炸灾害扩大。具体办法有设置水槽棚和水袋棚、岩粉棚，利用各种传感器设置自动隔爆棚等。

【案例】

2005 年 11 月 27 日 21 时 22 分，某煤矿发生特别重大煤尘爆炸事故，171 人死亡，48 人受伤，直接经济损失 4 293 万元。

1. 矿井概况

该矿是原国有重点煤矿，各种证照均在有效期内。2005 年核准生产能力为 50 万吨/年。该矿为高瓦斯矿井，煤尘具有强爆炸性。

2. 事故原因

（1）直接原因。

违规爆破处理主煤仓堵塞，导致煤仓给煤机垮落、煤仓内的煤炭突然倾出，带出大量煤尘，并造成巷道内的积尘飞扬，爆破火焰引起煤尘爆炸。

（2）主要原因。

① 该矿长期违规作业，特种作业人员无证上岗严重，超能力生产。

② 上级单位对该矿超能力生产未采取有效解决措施，对事故隐患整改情况不跟踪落实。

③ 上级单位对该矿长期存在的重大事故隐患失察。

④ 该省经济委员会未能全面履行煤矿安全生产监督管理职责。

⑤ 该地煤矿安全监察局对该矿未彻底排查重大事故隐患的行为督促整改不力。

经调查认定，这是一起责任事故。

3. 对事故责任人员的处理

(1) 将矿长、总工程师、调度室主任、矿通风区区长、安检科科长等 11 名直接责任人移送司法机关处理。

(2) 给予其他包括副省长，集团副董事长、总经理，分公司副总经理等 19 名相应的责任人党纪、政纪处分。

(3) 责成该省人民政府向国务院做出深刻检查。

第四节　顶板事故及防治

顶板灾害是煤矿五大灾害之一。在井下建设、生产过程中，顶板意外冒落、垮塌，容易造成人员伤亡、设备损坏和生产停止等事故。顶板事故占全国煤矿事故总起数的比例和总死亡人数的比例最高，所以，井下职工要特别注意，避免工作场所顶板事故造成的伤害。

一、顶板事故的类型及其特点

按一次冒落的顶板范围和伤亡人员多少，常见的顶板事故可分为局部冒顶事故和大面积切顶事故两大类。

(一) 局部冒顶事故

局部冒顶事故绝大部分发生在临近断层、褶曲轴部等地质构造部位，多数发生在基本顶来压前后，特别是在直接顶由强度较低、分层厚度较小的岩层组成的条件下。

局部冒顶事故主要是由于已破坏的顶板失去依托而造成的，其触发原因，一部分是在采煤工作（包括破煤、装煤等）过程中未能及时支护已露出的破碎顶板；另一部分是在回柱操作过程中发生局部冒顶事故。

（二）大面积切顶事故

大面积切顶事故（简称垮面）的特点是冒顶面积大、来势凶猛、后果严重，不仅严重影响生产，往往还会导致重大人身伤亡事故。事故原因是直接顶和基本顶大面积运动。

由直接顶运动造成的垮面事故，按其作用力性质和顶板运动时的始动方向又可分为推垮型事故和压垮型事故两类。

（1）推垮型事故。包括走向推进工作面常发生的倾向推垮型事故和倾斜推进工作面容易发生的向采空区方向推垮型事故。这类事故的特点是顶板运动发生时，在平行于煤层的层面方向产生较大的推力，推倒失稳的支架造成垮面事故。

（2）压垮型事故。包括向煤壁方向压垮和向采空区方向压垮型事故。这类事故主要是由垂直于顶底板方向的作用力压断、压弯阻力不足的支架，或将支架压入抗压强度低的底板造成的。

二、顶板冒落的预防与应急处置

（一）顶板冒落的预兆

顶板事故隐患的表现为顶板冒落预兆：响声、掉碴、片帮、漏顶、裂缝、离层等。

（1）响声：当岩层下沉断裂、顶板压力急剧加大时，支架会发生很大声响，有时也能听到采空区内顶板发出断裂的闷雷声。

（2）掉碴：顶板岩石已有裂缝和碎块，其中小矸石稍受震动就会掉落。

（3）片帮：冒顶前煤壁所受压力增大，变得松软，片帮煤比平时多。

(4) 漏顶:破碎的伪顶或直接顶,在大面积冒顶以前,有时因为背顶不严或支架不牢而出现漏顶。若不及时处理,会使棚顶托空,支架松动。顶板岩石继续冒落,就会造成没有声响的大冒顶。

(5) 裂缝:顶板的裂缝张开,裂缝增多。

(6) 离层(脱层):检查时用敲顶的方法,如果顶板声音清脆,表明顶板完好;如果顶板发出“空空”的响声,说明上下岩层已经脱离。

(7) 瓦斯涌出量突然增大。

(8) 顶板淋水增大。

(二) 顶板冒落的预防

(1) 充分掌握顶板压力分布及来压规律。冒顶事故大都发生在直接顶初次垮落、基本顶初次来压和周期来压过程中,只要充分掌握压力分布及来压规律,采取有效的支护措施即可防止冒顶。

掘进巷道在布置及支架形式的选择上也要充分考虑压力的分布规律及顶板压力大小,巷道应布置在压力降低区内。

(2) 采取有效支护措施。应根据顶板特性及压力大小采取合理、有效的支护形式控制顶板,防止冒顶。如果工作面压力太大、基本支架难以承受,可采用特殊支架支护顶板。综采工作面要严格控制采高,及时移架控制裸露顶板。掘进工作面要坚持使用前探支护。爆破前要加固 10 m 支架棚子,实行连锁,防止崩倒棚子引起冒顶。

(3) 及时处理局部漏顶,以免引起大冒顶。

(4) 坚持敲帮问顶制度。在进入采掘工作面装煤、支护前,要敲帮问顶,处理已离层的顶板;如果处理不下来,要用点柱先支撑。

(5) 严格按《煤矿安全规程》作业。

① 采煤工作面必须及时支护,严禁空顶作业;

② 所有支架必须架设牢固,并有防倒措施;

③ 严禁在浮煤或者浮矸上架设支架;

④ 对于软岩条件下初撑力确实达不到要求的,在制定措施、满足安全的条件下,必须经矿总工程师审批;

⑤ 严禁在控顶区域内提前摘柱;

⑥ 碰倒或者损坏、失效的支柱,必须立即恢复或者更换;

⑦ 移动输送机机头、机尾需要拆除附近的支架时,必须先架好临时支架;

⑧ 采煤工作面遇顶底板松软或者破碎、过断层、过老空区、过煤柱或者冒顶区,以及托伪顶开采时,必须制定安全措施。

三、发生冒顶事故时的应急避险

(一) 迅速撤退到安全地点

当人员发现工作地点有即将发生冒顶的征兆而当时又难以采取措施防止顶板冒落时,要迅速离开危险区,撤退到安全地点。

【案例】

某矿的采煤工作面有 6 人上班,其中 2 人挖煤、4 人运煤。运煤工将煤运出工作面后,剩下 2 名挖煤工因煤未出尽不能架棚,便在离挖煤地点 5～6 m 远的地方休息,其中 1 人竟然睡着了。这时,顶板出现冒顶预兆,不仅有响声还伴有掉碴现象。未睡的工人立即喊醒睡觉的挖煤工:“有响声,我们快出去!”这名挖煤工睡眼惺忪地说:“就你怕死,我不出去。”由于他执意不走,另一名工人只好独自撤出。刚走了五六步,只听“轰隆”一声响,撤退工人的腿部被冒落煤矸埋住,他立即拉住一根柱腿挣扎出来。回头一看,那位未走的挖煤工已被埋在了里面。此时,顶板仍在继续冒落,“轰隆”之声不绝于耳,冒顶长度达 15 m。后证实,被埋压工人被救出时早已死亡。

安全提示：

发现冒顶征兆后迅速撤退到安全地点，是最好的避灾措施。否则，就会使自己受到伤害甚至危及生命。

（二）遇险时要靠煤帮贴身站立或到木垛处避灾

当发生冒顶来不及撤退到安全地点时，应靠煤帮贴身站立避灾，但要防止煤壁片帮伤人；如靠近木垛也可撤至木垛处避灾。从采煤工作面发生冒顶，特别是大冒顶的实际情况来看，顶板沿煤壁冒落的情况很少。这是因为，煤壁上方顶板未被扰动，仍是整体。也就是说，当发生冒顶事故来不及撤退到安全地点时，靠煤帮贴身站立避灾，比在其他地方避灾造成伤亡的可能性要小一些。但是，避灾者一定要注意躲避地点附近的煤壁状况，防止煤壁片帮伤人。另外，在冒顶时虽然可能有支柱被压断或推倒，但一般情况下不可能压垮或推倒质量合格的木垛，因此在木垛附近避灾，可对避灾者起到保护作用。

从发生冒顶实际伤亡情况来看也可说明这个问题。冒顶后，不少遇险者往往是在煤壁处和木垛附近被救出，有的虽受伤但经抢救后亦可安全脱险，有的在遇险后并未受伤。而在其他地方避灾的人员，除极少数特殊情况外，生还的可能性并不大，即使经抢救脱险也会因受伤严重而致残。

（三）遇险后立即发出呼救信号

冒顶对人员的伤害主要是砸伤、掩埋或隔堵。冒落基本稳定后，遇险人员应立即采用呼叫、敲打（不要敲打对自己有威胁的支架、物料和岩块）等方法，发出有规律、不间断的呼救信号，以便撤出人员了解灾情、组织力量进行抢救。

应当注意的是，冒顶后，人员被埋压或隔堵时，人员遇险地点的不少物料和岩块等尚处于暂时平衡状态，如不注意察看，稍一敲打就会破坏平衡而使物料、岩块等继续移动，造成新的冒顶，从而加剧对遇险者的伤害。

【案例】

某矿发生冒顶事故后,1名工人下半身被掩埋。他敲打身边的木料发出求救信号,但是碎煤矸受震动继续向他涌来。他想到,这样做不仅会加大自身伤害,也会增加抢救工作量。因此,他停止敲打,改用呼喊的方法发出信号,后终被营救脱险。

(四)遇险人员要积极开展自救和互救

事故发生后,遇险人员要听从灾区班组长和有经验的老工人的指挥,在保证安全的前提下,积极开展自救和互救。被煤矸、物料等埋压的人员,不要惊慌失措,在条件不允许时切忌采用猛烈挣扎的办法脱险,以免造成事故扩大,原因有两个:一是猛烈挣扎会震动遇险者周围物体,使被埋压人员周围的煤矸、物料失去暂时平衡,从而导致新的冒落,扩大事故,增大伤害;二是遇险者被大块冒落岩石压住后挣扎也无用,根本无法脱险。正确的方法是:遇险者应正视已发生的灾害,不惊慌失措,坚信领导和同事一定会积极抢救,注意保持体力,等待救援;未受伤和受轻伤人员,要采取切实可行的措施设法营救掩埋人员,并尽可能脱离险区或转移到较安全地点等待救援。对于被营救出的受伤人员,应立即进行止血、包扎等急救处理。

(五)被隔堵人员要积极配合外部营救工作

作业人员被冒顶事故隔堵后,应在遇险地点利用各种条件有组织地开展自救,以配合外部的营救工作。

第五节 火灾事故及防治

凡发生在井下的火灾及发生在井口附近但危及井下安全的火灾,统称为矿井火灾。矿井火灾是煤矿矿井五大灾害之一。矿井火灾不仅会损坏设备和煤炭资源,给煤矿企业造成重大损失,还会引起瓦斯、煤尘爆炸,产生有害有毒气体,严重威胁井下职工的生命安全。煤矿职工了解和掌握矿井火灾防治和事故预防的知识是十分必要的。

一、发生火灾的基本要素

引起火灾的基本要素归纳起来有以下三个。

（一）热源

具有一定温度和足够热量的热源才能引起火灾。在矿井中煤的自燃、爆破作业、机械摩擦、电流短路、吸烟、烧焊等，都有可能成为引火的热源。

（二）可燃物

在矿井中，煤本身就是大量且普遍存在的可燃物。另外，坑木、各类机电设备、各种油料、炸药等都具有可燃性。可燃物的存在是火灾发生的物质基础。

（三）氧气

燃烧是剧烈的氧化反应。任何可燃物尽管有热源点燃，但缺乏足够氧气时，燃烧是不能持续的，所以氧气供给是维持燃烧不可缺少的条件。

以上三要素必须同时存在才会发生火灾。

二、矿井火灾的分类

根据引起矿井火灾的火源不同，通常可将矿井火灾分成两大类：一是外部火源引起的矿井火灾，也称外因火灾；二是由于煤炭自身的物理、化学性质等内在因素引起的火灾，也称内因火灾。

（一）外因火灾

外因火灾又称外源火灾，是指由于外来热源，如明火、放糊炮、电焊、气焊、在井下吸烟、人为纵火等原因造成的火灾。外因火灾一般容易发生在井口附近、井下机电硐室、采掘工作面和有电缆的木支架巷道处。外因火灾的特点是：突然发生；如果不能及时发现，常可能酿成恶性事故。

(二) 内因火灾

内因火灾又称自燃火灾,是指由于一些自燃物质(主要是煤)在一定条件或环境下(如破碎后集中堆积,又有一定的风流供给)自身发生物理、化学变化,积聚热量,从而导致着火而形成的火灾。

三、煤炭自燃及其预防

(一) 煤炭自燃的初期预兆

煤矿内因火灾事故隐患主要表现为煤炭自燃。煤炭自燃的初期预兆有如下几种。

1. 巷道内湿度增加,出现雾气、水珠

煤炭氧化初期生成水分,往往使巷道内湿度增加,出现雾气或在巷道壁上挂有水珠;浅部开采时,冬季在地面钻孔或塌陷处会出现冒出水蒸气或冰雪融化现象。

2. 煤炭自燃放出煤油味、焦油味等

煤炭在从发热到自燃过程中,会因氧化而产生多种碳氢化合物,并放出煤油味、汽油味、松节油味或焦油味等。当人们可闻到这些气味时,说明煤炭自燃已发展到相当程度。

3. 巷道内发热,气温升高

煤炭在氧化、自燃过程中会释放大量热量。因此,从自然发火的地方流出的水和空气的温度比较高,人的皮肤可以直接感觉到。

4. 人有疲劳感

煤炭在氧化、自燃过程中,会放出有害气体,如二氧化碳、一氧化碳和二氧化硫等,这些有害气体会使人感到头痛闷热、精神不振、不舒服、有疲劳感。尤其是多数人有同感时,应提高警惕,查明原因,以防矿井火灾的发生。

(二) 预防煤炭自燃的主要方法

1. 均压通风控制漏风供氧

均压通风是控制煤层开采中采空区等漏风的有效措施。首先,要在保证冲淡甲烷、风速、气温和人均风量的要求下,全面施行

区域性均压通风，其调压措施包括单项调压和多项措施联合调压，具体实施中形成的工作面均压应逐步扩大到邻近工作面采空区的区域性均压。

2. 喷浆堵漏钻孔灌浆

对煤层开采中的可疑地点或已出现隐患的地点进行全封闭喷浆和打浅密集钻孔注浆，是防止自然发火的有效措施。

3. 注凝胶防灭火

采用注凝胶技术处理高温点或自然发火是煤层开采中防灭火的重要措施，其方法是将凝胶注入高温点或火点周围的煤体中，其作用是既可以封堵漏风通道、又可以吸热降温。

四、矿井发生火灾事故时的应急处置

发生火灾时要根据灾情采取以下应急避险的措施。

(1) 任何人发现井下火灾时，都应当视火灾性质、灾区通风和瓦斯情况，立即采取一切可能的方法直接灭火，控制火势，并迅速报告矿调度室。矿调度室在接到井下火灾报告后，应当立即按灾害预防和处理计划通知有关人员组织抢救灾区人员和实施灭火工作。

矿值班调度和在现场的区、队、班组长应当依照灾害预防和处理计划的规定，将所有可能受火灾威胁区域中的人员撤离，并组织人员灭火。电气设备着火时，应当首先切断其电源；切断电源后，必须使用不导电的灭火器材进行灭火。

抢救人员和灭火过程中，必须指定专人检查甲烷、一氧化碳、煤尘、其他有害气体浓度和风向、风量的变化，并采取防止瓦斯、煤尘爆炸和人员中毒的安全措施。

(2) 如果火灾范围不大，应立即组织力量直接扑灭。

(3) 如果火灾范围大或是火势猛，则应在撤出灾区人员、保证自身安全的前提下，采取稳定风流、控制火势发展、防止人员中毒和预防瓦斯或煤尘爆炸的措施，并随时保持与地面指挥部的联系，根据指挥部的命令行事。如果现场人员无力抢救且人身安全有受威胁的可能,或是其他地区发生火灾、接到撤退命令时,应立即进行自救和组织避灾。

(4) 见到火或突然接到火警通知需要立即撤退的人员,要在判明灾情和自己实际处境以及应采取的应急措施的前提下采取行动。任何情况下,遇险人员均不可惊慌失措、盲目行动。紧急措施必须及时、正确、果断,不可犹豫、疏忽,即使是对待一次微小的火灾隐患也不能麻痹大意。

五、发生火灾事故后安全撤离时应注意的事项

发生火灾事故时,如果不能直接扑灭或控制灾情,应迅速撤离火灾现场,撤离时要注意以下事项。

(1) 要尽最大可能迅速了解或判明事故的性质、地点、范围和事故区域的巷道情况、通风系统、风流和火灾烟气蔓延的速度与方向以及与自己所处巷道位置之间的关系,并根据矿井灾害预防、事故处理计划和现场实际情况确定撤退路线和避灾自救方法。

(2) 撤退时,任何人无论在任何情况下都不要惊慌,不能狂奔乱跑,应在现场负责人和有经验的老工人的带领下有组织地撤退。位于火源进风侧的人员,应迎着新鲜风流撤退;位于火源回风侧的人员或是在撤退途中遇到烟气有中毒危险时,应迅速佩戴好自救器并尽快通过捷径绕到新鲜风流中去,或是在烟气没有到达之前顺着风流尽快从回风出口撤到安全地点;如果距火源较近且越过火源没有危险时,也可以迅速穿过火区撤到火源的进风侧。

(3) 如果在自救器有效作用时间内不能安全撤出,则应在设有存储备用自救器的硐室换用自救器后再行撤退,或是寻找有压风管路系统的地点以压缩空气供呼吸之用。

(4) 撤退行动既要迅速果断又要快而不乱。撤退中应靠巷道有连通出口的一侧行进,避免错过脱离危险区的机会。同时,还要随时注意观察巷道和风流的变化情况,谨防火风压可能造成的风流逆转。

（5）如果无论是逆风或顺风撤退都无法躲避着火巷道或火灾烟气造成的危害，则应迅速进入避难硐室；没有避难硐室时，应在烟气袭来之前，选择合适的地点就地利用现场条件快速构筑临时避难硐室，进行避灾自救。

【案例】

某矿工人在掘进工作面违章爆破引发一堆小火，本来只要用简单扑打覆盖的方法就可将火扑灭，但是，他发现着火后，由于无知和惊慌掉头就跑，没有采取任何措施，更没有向调度室和任何人报告情况就偷偷地升井溜走。当有关人员在主风井发现烟雾时，火势已经扩大，现场灭火时又发生了瓦斯爆炸，造成9人死亡，致使全井封闭。

安全提示：

（1）任何情况下发现火情，都不可惊慌失措。应判明灾情，采取直接扑灭、切断电源等应急措施。

（2）发现烟气成明火等火灾灾情，应立即通知在附近工作的人员，并迅速向煤矿调度室报告。

第六节　爆破事故及防治

一、矿井常见爆破事故

在我国煤矿生产和建设中，无论是采煤还是巷道掘进，钻眼爆破技术仍然普遍被使用。在爆破过程中引起的人员伤亡和财产损失，称为爆破事故。矿井爆破事故是常见的灾害之一，对矿井的危害较大。

二、井下爆破事故防治

引起矿井爆破事故的因素很多。在爆破器材的质量、贮存、管理、运送、使用或与爆破技术有关的任何一个环节出现问题，都可引发爆破事故。

（一）爆破前的防治措施

（1）所有爆破人员，包括爆破、送药、装药人员，必须熟悉爆炸材料性能和《煤矿安全规程》中的相关规定。

（2）每次爆破作业前，爆破母线必须扭结成短路；爆破工必须做电爆网路全电阻检查。严禁用发爆器打火放电检测电爆网路是否导通。

（二）爆破过程中的防治措施

（1）爆破时，严格执行"一炮三检"制度和"三人连锁爆破"制度。

（2）加强警戒。警戒人员责任心要强，警戒时不准兼做其他作业，不准睡觉、打闹、脱岗。警戒人员必须在有掩护的、警戒距离之外的地点警戒，严禁其他人员进入爆破地点。

（3）按规定装药、连线。装药时，先清除炮眼内的煤岩粉，将药卷轻轻推入，不得冲撞，炮眼内的各药卷必须彼此密接。

（4）爆破工不得随意将把手或钥匙转交他人。不到爆破时，不得将把手或钥匙插入发爆器或电力爆破接线盒。

（5）爆破母线连接脚线、检查线路和通电工作，只准爆破工一人操作。

（6）爆破时，爆破工必须发出警号，至少再等 5 s 才可起爆。

（三）爆破后的防治措施

（1）加强通风。及时吹散炮烟，作业人员必须待炮烟散尽后，才能进入工作面，避免炮烟熏人。

（2）认真检查。爆破工、瓦斯检查工、班组长必须巡视爆破地点，检查通风、瓦斯、煤尘、顶板、支架、拒爆、残爆等情况。

（3）正确处理拒爆、残爆。

矿井除一般情况下的爆破外，还会遇到爆破条件比较复杂、施工比较困难的地段。这些地段的爆破工作除遵守一般要求外，还应根据具体情况，采取特殊措施，才能保证爆破工作的安全性和可靠性。

（四）巷道贯通时的爆破事故防治

(1) 巷道贯通前，要检查和排放贯通地点的瓦斯。当工作面和贯通地点的瓦斯浓度超过 1%时，禁止贯通爆破。

(2) 独头掘进贯通爆破时，距贯通地点 20 m，必须在穿透位置里外两侧设好警戒，禁止在警戒区内作业或逗留，穿透位置不清禁止爆破。

(3)两头对掘贯通爆破，当相距 20 m 时(综掘巷道相距 50 m 时)，必须停止一头作业，仍然保持通风，由一头贯通，并派专人负责警戒。

(4) 巷道贯通前，要加固支架，以防崩倒棚子和崩坏棚腿而造成倒棚冒顶。

(5) 超过贯通距离而不通时，要立即停止爆破，查明原因，重新采取贯通措施。

（五）穿透老空区时的爆破事故防治

(1) 打眼时，如发现炮眼内出水、温度骤高骤低、有大量瓦斯涌出、煤(岩)松散等情况，要停止爆破，查明原因。

(2) 距穿透老空区 15 m 前，先探明老空区来源以及老空区中的水、火、瓦斯等情况。如有水、火、瓦斯，必须采取防水措施、瓦斯排放措施和火区封闭措施，否则禁止爆破。

(3) 距穿透老空区 15 m 前，由测量工在老空区内标明穿透位置，以便在检查时按穿透位置的实际情况采取不同措施，避免在爆破时误穿火区、水区。

(4) 穿透老空区时，要把人员撤到安全地点，并在安全地点实施爆破。爆破后，只有查明老空区情况并确认无危险后，才能恢复工作。

（六）接近积水区时的爆破事故防治

(1) 要根据实际情况，编制切实可行的探放水设计和安全措施，否则禁止爆破。

(2) 发现有透水预兆，要立即停止爆破，及时汇报，查明原因；情况危急时，人员必须立即撤离。

(3) 打眼时若发现炮眼渗水，不要拔出钎杆。

（七）处理溜煤眼堵塞时的爆破事故防治

(1) 必须采用取得煤矿矿用产品安全标志的用于溜煤(矸)眼的煤矿许用刚性被筒炸药，或不低于该安全等级的煤矿许用炸药。

(2) 每次爆破只准使用一个煤矿许用电雷管，且最大装药量不得超过 450 g。

(3) 爆破前，必须检查溜煤(矸)眼内堵塞部位的上部和下部空间的瓦斯。

(4) 爆破前，必须洒水。

(5) 在有安全威胁的地点爆破时，必须撤人、停电。

（八）石门揭穿煤与瓦斯突出煤层进行震动爆破时的爆破事故防治

(1) 必须编制专门设计报告。爆破参数、爆破器材及起爆要求，爆破地点，反向风门位置，避灾路线及停电、撤人和警戒范围等，必须在设计报告中明确规定。

(2) 震动爆破工作面，必须具有独立、可靠、畅通的回风系统。爆破时回风系统内必须切断电源，严禁人员作业和通过。在进风侧巷道中，必须设置两道坚固的反向风门。

(3) 爆破 30 min 后，人员方可进入工作面检查。

(4) 震动爆破应一次全断面揭穿或揭开煤层。未能一次揭穿煤层的，在掘进剩余部分时，必须按震动爆破要求进行爆破作业。

(5) 应采用挡栏设施，降低震动爆破诱发突出的强度。

【案例】

2003 年 6 月，某矿采煤队短母线爆破，造成一起轻伤事故。事故发生在 23204 工作面的夜班，由于二斜井 1 时 30 分停运，爆破工赵某为了赶在 1 时 30 分前升井，在距爆破地点 20 m 处就拧响了发爆器。爆炸后飞出的块煤将爆破工赵某的头部击伤，造成其脑震荡（轻伤）。

安全提示：

（1）爆破工应按章作业，工作面爆破母线不得少于 75 m。

（2）爆破作业必须执行“一炮三检”制度和“三人连锁爆破”制度。

第四章　瓦斯检查作业的职业特殊性

第一节　煤矿作业特点

我国大多数煤矿地质条件复杂，绝大多数为井工开采。煤矿井下作业环境特点主要表现在以下几个方面。

一、工作环境特殊，多为井下作业

我国95%以上的煤矿是井下作业，井深平均在400 m以上，工作环境与地面相比要艰苦得多。

(1) 煤矿井下工作空间狭窄，活动受限，阴暗潮湿，没有阳光照射，能见度低，井下工作人员时刻都面临危险。

(2) 工作场所不固定，工作面不断搬迁，采掘设备要随着采掘工作面不断推移，并且地质构造常有变化，地下开采技术条件复杂。

(3) 工作地点由于采深较大，受地热作用、人体和机电设备的散热、水分蒸发等因素影响，井下的温度、湿度、空气质量等气候条件会变差。

二、作业环境艰苦

作业时间长、劳动强度大，易使工作人员劳累疲乏、体能下降、反应迟钝，极易产生焦躁情绪。在煤炭生产过程中，作业人员还要随时随地与水、火、瓦斯、顶板冒落、掉罐、跑车等多种灾害事故作斗争，作业环境十分复杂。近年来，部分煤矿企业取消大夜班的生产，增加了强制月休假制度，使煤矿职工的幸福感得到了明显提升。

三、生产系统工艺复杂

煤矿井下生产具有多工种、多方位、多系统、立体交叉、连续作业的特点，采煤、掘进、通风、机电、排水、供电、运输等各系统中，任何一个工种、任何一个部位或任何一个细小的环节出现管理和技术方面的问题，都可能酿成事故，甚至造成重大、特大事故。

四、自然灾害严重

我国煤层赋存条件较差，大多数煤矿地质条件复杂，灾害因素多，导致灾害的机理复杂，伴生的灾害事故时有发生。矿井瓦斯、水、火、矿尘、破碎顶板及有毒有害气体等，都威胁着煤矿安全生产工作。

五、职工劳动技能素质偏低

煤矿从业人员结构复杂，综合素质不高。我国煤矿用人过多，整体文化水平偏低，缺乏自我保护意识和能力，违章作业现象严重。

六、容易造成群死群伤事故

煤矿事故总量多，“三防”类事故引发的重大事故时有发生，容易造成群死群伤。煤矿是工矿企业中事故死亡人数最多的行业。

七、煤矿职业危害严重

据不完全统计，全国煤矿尘肺病患者达 30 万人，占总尘肺病患者的一半左右；每年因尘肺病造成的直接经济损失有数十亿元。此外，风湿、腰肌劳损等职业病在煤炭行业仍然存在。

八、煤矿机械化程度低，安全技术装备水平低

据统计，原国有重点煤矿的采煤机械化程度为 75%以上，综采机械化程度接近 60%，综掘机械化程度为 15%左右。而原国有地方煤矿和乡镇煤矿机械化程度普遍较低，有的根本不具备防御灾害的能力，多数小煤矿仍旧使用落后淘汰的电气设备，这些设备的电气防爆性能差、失爆率高。

第二节 煤矿瓦斯检查工在防治煤矿灾害中的重要作用

在煤矿的水、火、瓦斯、煤尘和顶板这五大灾害中，瓦斯事故最为突出。煤矿瓦斯事故不仅数量较多，而且危害大，容易造成群死群伤，给矿井造成严重破坏，给国家和人民生命财产造成巨大损失，在社会上造成严重的负面影响。因此，作为专职从事煤矿瓦斯检查的特殊工种，瓦斯检查工在煤矿灾害特别是瓦斯灾害的防治中起着非常重要的作用。

(1) 瓦斯检查工是煤矿瓦斯灾害防治的侦察员和哨兵，其工作的好坏直接关系到整个矿井和井下全体职工的安全。

(2) 通过瓦斯检查，可以了解和掌握井下瓦斯涌出状况及变化规律，为搞好通风管理工作和制定针对性治理措施提供可靠的依据。

(3) 瓦斯检查工能够及时发现和处理瓦斯积聚、超限等隐患，防止瓦斯事故的发生，避免造成重大损失，提高煤矿企业的经济效益和社会效益。

第三节 煤矿瓦斯检查工的职业道德和安全职责

一、瓦斯检查工的职业道德

职业道德，是指为适应各种职业要求而必然产生的道德规范，是人们在履行本职工作过程中所应遵循的、与人们的职业活动紧密联系的、符合职业特点要求的道德准则、道德情操和道德品质的总和。它包括职业观念、职业情感、职业理想、职业态度、职业技能、职业纪律、职业良心和职业作风等多方面的内容。

每个从业人员，不论是从事哪种职业，在职业活动中都要自觉遵守职业道德。职业道德的内容是多方面的，难以一概俱全。瓦斯检查工的职业道德主要体现在以下几个方面。

(1) 热爱矿山、热爱本职工作。干一行、爱一行、专一行，以高度的事业心、责任感做好本职工作，追求崇高的职业理想。

(2) 在本职工作中，发扬艰苦奋斗、吃苦耐劳的精神，为煤矿企业发展做出应有的贡献。

(3) 自觉服从组织和领导的指挥和安排，遵守劳动纪律，认真履行岗位职责，勤奋工作，讲究工作效率，以求实、扎实、细致、认真的工作态度，努力完成工作任务和目标。

(4) 自觉遵守国家法律法规和煤矿企业的各种规章制度，佩戴好劳动防护用品，持证上岗，时刻保持安全生产的警惕性，保护好自身和他人的安全。

(5) 加强专业技术理论知识的学习，钻研技术，不断提高自己的业务能力和专业技术水平，对技术精益求精、勇于创新，争当名技术精湛、业务熟练的技术骨干和行家里手。

(6) 在工作中与同事密切配合、和谐相处，建立相互信任、相互尊重、相互支持、相互帮助的良好关系，相互交流工作经验，团结协作，集体奋斗，齐心协力，共同做好本职工作。

(7) 牢固树立“安全第一”的意识，保证安全生产条件，并在确保工程质量的前提下，尽量为煤矿企业节约资金，提高社会效益和经济效益。

(8) 在工作中，爱护所使用的设备，对设备正确、谨慎地操作，并进行精心细致的检查、维护和保养，及时处理设备故障，使设备处于良好的运转状态。

(9) 在工作中，虚心向师傅、同事学习，学习他们的专业技术和道德品质，弥补自己的不足，积极进取，不断提高自身的综合素质。

二、瓦斯检查工的安全职责

(1) 负责井下日常的瓦斯检查和其他需要的气体检查工作，

对本岗位的安全工作负责。

(2) 遵守各项规章制度,不断提高业务水平,服从领导安排,做好本职工作。

(3) 下井必须带全所需仪器并检查其完好性,确保井下检查的准确性。

(4) 按矿井瓦斯巡回检查路线进行各地点的瓦斯、温度的检查,严禁空班漏检,严禁弄虚作假。

(5) 认真填写瓦斯牌板、瓦斯检查手册和瓦斯报表,做到"三对口"。

(6) 按工作需要和规程、措施要求,检查其他需要检查地点的气体情况。

(7) 若发现局部通风机停风、采掘工作面或其他地点有毒有害气体超限,必须立即责令停止工作,撤出人员,并按规程规定进行处理和汇报。

(8) 若发现工作沿线的通防设施及其他方面的安全隐患,有检查、汇报的责任。

(9) 做到持证上岗,严防违章违纪现象。

第五章　职业病防治

在煤矿开采中易产生种类众多的职业病危害因素。煤矿作业人员在工作过程中接触的职业病危害因素主要有粉尘、化学毒物、噪声、高温、振动等。

第一节　煤矿粉尘及常见职业病

在煤矿生产和建设过程中所产生的各种岩矿微粒统称为煤矿粉尘，它是污染作业环境、损害劳动者健康的重要职业性有害因素。

一、粉尘

在煤矿井下回采、掘进、运输机提升等各个生产过程中，均能产生煤矿粉尘。

（一）粉尘的主要危害

1. 对呼吸系统的影响

粉尘对呼吸系统的损害最大，可以引发尘肺病、粉尘沉着症、呼吸系统炎症和呼吸系统肿瘤等疾病。图 5-1 为人体肺部结构图。

2. 局部作用

局部作用包括粉尘作用于呼吸道黏膜导致萎缩性病变，形成咽炎、喉炎、气管炎等；作用于皮肤，形成粉刺、毛囊炎、脓皮病等；金属和磨料粉尘可引起角膜损伤，导致角膜感觉迟钝和角膜浑浊；沥青烟尘在日光照射下可引起光感性皮炎等。

3. 中毒作用

有毒物质可在呼吸道黏膜被较快溶解、吸收，从而导致中毒。

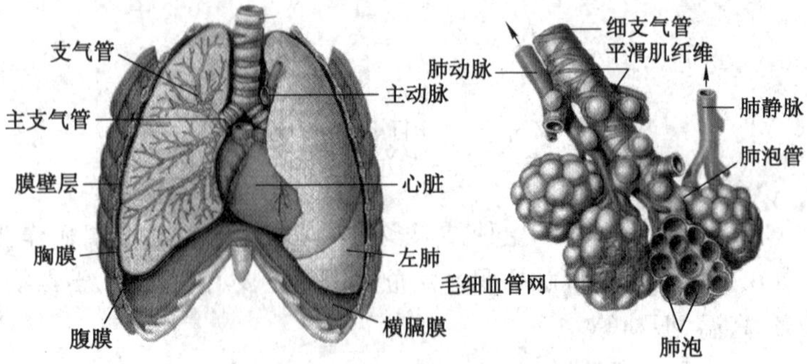

图 5-1 人体肺部结构图

（二）粉尘的主要防治措施

职业病防治工作坚持预防为主、防治结合的方针，实行分类管理、综合治理。职业病防治方面的法律法规有《中华人民共和国尘肺病防治条例》《矽尘作业工人医疗预防措施实施办法》《中华人民共和国劳动法》《中华人民共和国职业病防治法》《工作场所职业卫生管理规定》等。

二、常见的煤矿工人职业病

(1) 尘肺病：在采煤过程中长期吸入无机矿物质粉尘引起，以肺组织弥漫性结节状或网格状纤维化为特征。

(2) 煤矿井下工人慢性胃炎、关节炎、慢性咽炎、慢性鼻炎等疾病的患病率较高。

(3) 皮肤病：工作环境、防护用品使用情况、长期缺少阳光照射、煤矿除(防)尘措施和煤矿职工卫生状况等，对煤矿井下作业人员的皮肤有一定的影响，毛囊炎、痤疮、皮肤瘙痒症、胼胝等皮肤病在他们身上的患病率较高。

(4) 振动病及局部振动病：因长期接触强烈的生产性振动所引起的一种疾病。早期可出现肢端感觉异常、振动感觉减退，主要症状为手麻、手疼、手胀、手凉、手掌多汗、手痛(多在夜间发生),其他症状有手僵、手颤、手无力(多在工作中发生),手指遇冷即出现缺血发白,严重时血管痉挛明显等。

(5) 噪声性耳聋:由于长期处于强噪声环境中而引起的一种缓慢进行的耳聋。长期在强噪声的环境中工作,易造成听觉系统的损害,形成耳聋,同时还可能引起对人体其他系统的损害。

(6) 中暑:高温环境引起的人体体温调节中枢的功能障碍,汗腺功能失调以及水、电解质平衡紊乱所导致的疾病。

(7) 滑囊炎:由于长期、持续、反复、集中和力量稍大的摩擦和压迫而引起的疾病。在一些煤层薄、采高低、机械化程度不高的矿区,滑囊炎的患病率较高。煤矿工人的工龄越长、年龄越大,患病率越高。不同工种的患病率是有差异的,其中采煤工的患病率最高,其次是掘进工。

第二节 煤矿职业危害防治及劳动者职业健康方面的权利

一、煤矿主要职业危害的防治

(一) 职业毒害的防治

接触有毒物质时间的长短、剂量大小、发病缓急,其中毒表现是不同的,有急性中毒、亚急性中毒、慢性中毒三种。短时间内大量毒物侵入人体会引起急性中毒;长时间吸入小剂量毒物会引起慢性中毒;介于急性中毒和慢性中毒之间、在较短时间内吸入较大剂量毒物引起的中毒为亚急性中毒。

(二) 防护措施

(1) 消除毒物。煤矿井下的有毒气体主要来源于炮烟和煤氧化、火灾等。因为很多有毒气体是易溶于水的,通过加强通风和喷雾洒水排除和降低有毒气体含量,净化空气,是消除毒物危害的最根本、最有效的措施。

(2) 加强个人防护。爆破后烟未散去或作业现场空气质量太差时，作业人员不要急着进入工作面，待烟散尽、现场空气质量好转时再进入工作面。同时，还应用好防护服、防护面具、防尘口罩、自救器等。

(3) 提高机体防御能力。对于在有害物质场所的作业人员，应给予其必要的保健待遇，使其加强营养。

(4) 加强对有害物质的监测，掌握其浓度含量，做到心中有数，控制其危害程度。

(5) 对受到危害的人员及时进行健康检查。必要时实行转岗、换岗作业。

(6) 加强有害物质及其预防措施的宣传教育，建立健全安全生产责任制、卫生责任制和岗位责任制等。

二、劳动者在职业健康方面的权利

《职业病防治法》规定，劳动者享有以下职业卫生保护权利。

(1) 获得职业卫生教育、培训；

(2) 获得职业健康检查、职业病诊疗、康复等职业病防治服务；

(3) 了解工作场所产生或者可能产生的职业病危害因素、危害后果和应当采取的职业病防护措施；

(4) 要求用人单位提供符合防治职业病要求的职业病防护设施和个人使用的职业病防护用品，改善工作条件；

(5) 对违反职业病防治法律、法规以及危及生命健康的行为提出批评、检举和控告；

(6) 拒绝违章指挥和强令进行没有职业病防护措施的作业；

(7) 参与用人单位职业卫生工作的民主管理，对职业病防治工作提出意见和建议。

【案例】

苏某是陕西人，经同乡介绍，他到山西省某煤矿工作，后他在工地上发生了一次事故，却意外得知自己患上了硅肺病。

山西某医院对其做了进一步检查，确诊其患上了硅肺病。医生说这种病是由于苏某长期在矿井下吸入有害气体所致，属于职业病。带着这份诊断书，他向企业提出索赔，要求进一步治疗。不料，企业以苏某在矿井中的工龄只有18个月为由，认为其工作时间太短，不可能患职业病而拒绝为其治疗。

一筹莫展的苏某找到山西省农民工法律援助工作站，该工作站为其提供了法律援助。

第六章　自救互救与安全避险

第一节　煤矿安全避险“六大系统”

煤矿安全避险系统是预防事故以及事故发生时开展自救互救、紧急避险而达到减少伤亡目的的重要技术保障。

“六大系统”是指矿井监测监控系统、煤矿井下人员定位系统、井下紧急避险系统、矿井压风自救系统、矿井供水施救系统和矿井通信联络系统。

煤矿应建立应急演练制度，科学确定避灾路线，编制应急预案，每年开展一次“六大系统”联合应急演练。

一、矿井监测监控系统

煤矿企业必须按照《煤矿安全监控系统及检测仪器使用管理规范》(AQ 1029—2019)的要求，建设完善矿井监测监控系统，实现对煤矿井下瓦斯浓度、一氧化碳浓度、温度、风速等的动态监控，为煤矿安全管理提供决策依据。要加强系统设备维护，定期进行调试、校正，及时升级、拓展系统功能和扩大监控范围，确保设备性能完好、系统灵敏可靠。要健全完善规章制度和事故应急预案，明确值班、带班人员责任，矿井监测监控系统中心站实行 24 h 值班制度，当系统发出报警、断电、馈电等异常信息时，能够迅速采取断电、撤人、停工等应急处置措施，充分发挥其安全避险的预警作用。

二、煤矿井下人员定位系统

煤矿企业必须按照《煤矿井下人员位置监测系统使用与管理规范》(MT/T 1198—2023)的要求，建设完善煤矿井下人员定位系统，并做好系统维护和升级改造工作，保障系统安全可靠运行。所有入井人员必须携带识别卡（或具备定位功能的无线通信设备），确保能够实时掌握井下各个作业区域人员的动态分布及变化情况。要进一步建立健全安全制度，发挥人员定位系统在定员管理和应急救援中的作用。

三、井下紧急避险系统

《煤矿安全规程》第六百八十八条规定，突出矿井，以及发生险情或者事故时井下人员依靠自救器或者1次自救器接力不能安全撤至地面的矿井，应当建设井下紧急避险设施。紧急避险设施的布局、类型、技术性能等具体设计，应当经矿总工程师审批。

紧急避险设施应当设置在避灾路线上，并有醒目标识。矿井避灾路线图中应当明确标注紧急避险设施的位置、规格和种类，井巷中应当有紧急避险设施方位指示。

四、矿井压风自救系统

煤矿企业必须在按照《煤矿安全规程》要求建立压风系统的基础上，遵照所有采掘作业地点在灾变期间能够提供压风供气的要求，进一步建设完善压风自救系统。空气压缩机应设置在地面；深部多水平开采的矿井，空气压缩机安装在地面难以保证对井下作业点有效供风时，可在其供风水平以上两个水平的进风井井底车场安全可靠的位置安装，但不得使用滑片式空气压缩机。井下压风管路要采取保护措施，防止灾变破坏。突出矿井的采掘工作面要按照《防治煤与瓦斯突出规定》要求设置压风自救装置，其他矿井掘进工作面要安设压风管路，并设置供气阀门。

五、矿井供水施救系统

矿井供水施救系统是指为了保证发生火灾、爆炸等事故时现场人员用水的需要而事先配装的实时供水系统。煤矿企业必须按照《煤矿安全规程》的要求，建设完善的防尘供水系统。除按照《煤矿安全规程》要求设置三通及阀门外，还要在所有采掘工作面和其他人员较集中的地点设置供水阀门,保证各采掘作业地点在灾变期间能够实现提供应急供水的要求。要加强供水管路的维护,不得出现跑、冒、滴、漏现象,保证阀门开关灵活。

六、矿井通信联络系统

矿井通信联络系统是指保证事故发生后实施救援时,现场能够畅通、有效地传递重要信息的系统。煤矿企业必须按照《煤矿安全规程》的要求,建设井下通信系统,并按照在灾变期间能够及时通知人员撤离和实现与避险人员通话的要求,进一步建设完善通信联络系统。在主副井绞车房、井底车场、运输调度室、采区变电所、水泵房等主要机电设备硐室、采掘工作面以及采区、水平最高点,应安设电话。井下避难硐室(救生舱)、井下主要水泵房、井下中央变电所和突出煤层采掘工作面、爆破时撤离人员集中地点等,必须设有直通矿调度室的电话。要积极推广使用井下无线通信系统、井下广播系统。发生险情时,要及时通知井下人员撤离。

第二节　自救与互救

煤矿事故发生时,如何在矿难中自救、互救显得十分重要。

一、自救与互救的基本常识

每个井下人员仅仅知道怎样防止和排除事故是不够的,还必须知道,并且要熟练地掌握怎样正确而又迅速地进行自救和互救,使自己和其他人员能安然脱险得救。

(一) 自救与互救的概念

自救是指井下发生意外灾变时,在灾区或受灾变影响的区域内的每个工作人员进行避灾和保护自己的方法。互救是指在有效地进行自救的基础上,去救护灾区内受伤人员的方法。为了达到矿工自救和互救的目的,每个井下工作人员都必须熟悉并掌握所在矿井的灾害预防，熟练地使用自救器，掌握发生各种灾害事故的预兆、性质、特点和避灾方法，抢救灾区受伤人员的基本方法以及学会最基本的现场急救操作技术等。

每个煤矿的管理者，应有计划地对所有煤矿工作人员进行这方面培训，不能熟练地掌握自救、互救和现场急救操作技术的人员，不能算是一名合格的矿工，不允许其下井工作。

（二）自救与互救的行动原则

1. 迅速撤离灾区

当发生重大灾害事故，灾区不具备事故抢险的条件，或者在抢救事故时可能危及营救人员自身安全时，应迅速撤离现场、躲避到安全地点或撤到井上。

（1）撤退人员要在班组长或有经验的老工人的带领下，根据矿井灾害预防和处理计划中规定的避灾路线和实际情况，尽量选择安全条件最好、距离最短的路线，迅速撤离危险区域。

（2）在撤退时，要服从领导，听从指挥，禁止狂奔乱叫。要根据灾情正确佩戴和使用劳动保护用品。

（3）要发扬团结互助的精神，照顾好伤员和年龄较大、身体较弱的工友。

（4）遇有溜煤眼、积水区、塌冒地段和瓦斯积存巷道等危险区域时，应探明情况，谨慎通过。

（5）在撤退途中迷失方向时，一般可按风流方向和水流方向决定行进方向。通常风流方向与水流方向相反。当发生爆炸、火灾事故时，位于灾区进风侧的人员可逆风流（或顺水流）撤退到安全地点，位于灾区回风侧的人员可逆风流（或顺水流）冲过灾区撤离到新鲜空气中；如果强行冲过灾区有危险时，可选择最近路线撤离到新鲜空气中。当发生透水事故时，人员可背离水流方向撤到高处逃出。

2. 及时报告灾情

在灾害事故发生初期，事故现场的作业人员应尽量了解或判断事故性质、地点和灾害程度，在积极、安全地消除或控制事故的同时，要及时向矿调度室报告灾情，并迅速向事故可能波及区域的人员发出警报。

(1) 报告形式：利用最近处的电话进行报告。不要舍近求远，更不要跑到井上进行口头报告。要注意在有瓦斯的地点必须使用防爆型电话，否则电话机产生的火花可能引爆瓦斯。

(2) 报告对象：要直接向矿调度室报告。因为矿调度室是全矿抢险救灾指挥中心，矿领导 24 h 调度值班，可以组织全矿人力、物力对事故进行抢救。若本矿力量不足，矿调度室还可以通过调度向上级领导求援。

(3) 报告内容：包括事故的性质、发生地点、事故影响范围、现场作业人员伤亡情况以及抢救、撤离的措施和方法等。

(4) 报告方法：要沉着冷静，不要慌乱，尽量把话说清楚；不要撒谎，要如实报告灾情，不清楚的就报告说“不清楚”，待回到现场了解清楚后或按领导指令了解某一情况后，再次向矿调度室报告。

【案例】

1998 年 6 月 12 日，安徽省某煤矿掘进工作面发生煤与瓦斯突出事故。突出煤岩量 650 t，瓦斯量 12 600 m^3。当日 12 时 18 分，瓦斯检查工王某突然听到掘进迎头现场作业人员的喊叫声、风筒的剧烈抖动声以及从迎头传来的“扑扑”声。王某想到迎头去看看，但刚站起来，便感到腿发软、有被熏的感觉，同时有一股强气流从里面向外推动，他便意识到可能发生了事故。王某随即向外撤退，并通知附近 3 名钻眼工和 8 名采掘人员全部撤离事故现场。随后，王某快速跑到附近的变电所打电话，向矿调度室汇报详细灾情。矿领导立即布置停电撤人、组织抢险。这次事故经救护队 3 个昼夜的奋力抢救，消除了灾害，有 2 人遇难、1 人被堵在灾区内被救护队救出。

3. 积极消除灾害

工作人员应利用现场条件，在保证自身安全的前提下，采取积极有效的措施和方法，及时投入现场抢救，将事故消灭在初始阶段或控制在最小范围内，最大限度地减少事故造成的损失。抢救人员时要做到“三先三后”(先抢救生还者，后处理已死亡者；先抢救伤势较重者，后抢救伤势较轻者；对于窒息或心跳、呼吸停止不久、出血和骨折的伤工，先复苏、止血和固定，然后搬运)。

(1) 在消除灾害时，必须保持统一的指挥和严密的组织，严禁冒险蛮干和惊慌失措，严禁各行其是和单独行动。

(2) 在积极抢救过程中，首先要确保自身安全，并提高警惕，采取严密措施，避免中毒、窒息、爆炸、触电、二次突出、顶帮二次垮落和透水冲人等再生事故的发生，保证营救人员的安全。

(3) 要采取各种有效措施，消除初始灾害或防止灾区情况恶化。如发生火灾时，现场作业人员应尽量利用现场条件进行直接灭火，把新起火灾迅速扑灭；如发生冒顶事故时，现场作业人员应立即采取加强支护控制顶板的措施；如发生煤与瓦斯突出时，应迅速关好防突反向风门；如发生透水事故时，应迅速关闭水闸门等。

4. 妥善安全避灾

当灾害事故发生后，避灾路线因冒顶、积水、火灾或有害气体等原因造成阻塞，现场作业人员无法撤退时，或在自救器有效工作时间内不能到达安全地点时，应迅速进入避难硐室和灾区较安全地点，或者就近快速构造临时避难硐室，进行自救互救，妥善安全避灾，努力维持和改善自身生存条件，等待营救。

(1) 保持良好的精神状态。遇险时，千万不可过分悲观和忧虑，更不能急躁盲动、冒险乱闯；不要吞饮煤块、衣物、胶带等物，不要饮用不干净、有毒的井下水；要具有长时间避灾的精神和物质准备;避灾时应静坐,避免不必要的体力消耗和氧气消耗;节约矿灯电量和食品;坚定获救脱险的信念,互相帮助、互相鼓励,克服一切困难,坚持到最后安全脱险。

(2) 加强安全防护,改善避灾地点的生存条件。避灾时,要密切关注避灾地点的烟火、风流、顶板、水情和温度等变化。当发现危及人员安全的情况时,应就地取材构筑安全防护设施,如用支架、木料建防护挡板,防止冒落煤矸石窜入;用衣服、风帘堵严或建立临时挡风墙、挡风帘,防止有害气体涌入;在有害气体超限时,要佩戴自救器或使用压风自救系统;用煤矸石或其他材料设置挡水墙,防止矿井水流入。如果发觉避灾地点条件恶化、可能危及人员安全时,应立即转移到附近的其他安全地点。

(3) 保持与外部营救人员的联系。避灾人员应在避灾地点外面,采用写字、吊挂衣物等办法,设置明显标记,为营救人员寻找遇险遇难人员指示目标。在避灾地点,应用呼喊,敲击顶帮、铁棚、铁管等方法向外发出求救信号,一旦与外部营救人员取得联系,要不断地、有节律地发出这种信号。如果有可能,可寻找电话或其他通信设备,尽快与外部人员通话。如果转移避灾地点,应在转移途中设置明显指示标记,以便营救人员跟踪寻找。

(4) 积极创造自救脱险条件。在避灾地点,应在保证自身安全的情况下,积极开展自救与互救。应利用现场设备、材料、工具,发挥避灾人员的特长,创造条件自行脱险,或者为外部营救人员创造条件,为提前脱险做准备。

(5) 积极配合外部营救人员的抢救工作。在避灾地点发现有人来营救自己时,或者在被营救脱险时,要控制自己的情绪,不可慌乱和过分激动。当外面输送进来食品时,不要暴饮暴食。要听从营救人员的安排,积极配合营救人员的抢救工作,避免造成不必要的意外伤害。

二、井下发生各类灾害事故时的自救与互救

（一）瓦斯、煤尘爆炸事故时的自救与互救

当瓦斯、煤尘爆炸时，在现场和附近巷道的工作人员，千万不可惊慌失措。当听到爆炸声和感到冲击波造成的空气震动气浪时，应迅速背朝爆炸冲击波传来的方向卧倒，脸部朝下，把头放低些，在有水沟的地方最好侧卧在水沟里边，脸朝水沟侧面的沟壁，迅速用湿毛巾将嘴、鼻捂住，同时用最快的速度戴上自救器，拉严身上衣物盖住露出的部分，以防被爆炸的高温灼伤。在听到爆炸声的瞬间，最好尽力屏住呼吸，防止因吸入有毒高温气体而灼伤内脏。

事故发生后，不要太紧张，要冷静下来，明确自己所在的位置和巷道名称，要迅速辨清方向，按照避灾路线以最快的速度赶到新鲜风流方向。外撤时，要随时注意巷道的风流方向，要迎着新鲜风流走。

用好自救器是自救的主要环节。当戴上自救器后，绝不可轻易取下而吸入外界气体，以免遭受有害气体的毒害，要一直坚持到安全地点方可取下。

（二）煤与瓦斯突出时的自救与互救

采煤工作面发生煤与瓦斯突出或出现预兆时，要以最快的速度通知作业人员迅速向进风侧撤离。撤离中应快速佩戴好自救器，迎着新鲜风流外撤。如果距离新鲜风流太远，应首先到避难硐室内避灾，或利用压风自救系统进行自救。

【案例】

2006 年 4 月 9 日 10 时 23 分，重庆某煤矿发生煤与瓦斯突出事故，突出煤量 490 t、瓦斯量 9.1 万 m^3。当时，“轰”的一声巨响伴随着巨大的风浪吹倒了瓦斯检查工张某。张某意识到了灾难降临，三步并作两步地冲向压风自救器，大口呼吸新鲜空气。为了逃生，他奋力打开了被突出飓风关闭了的防突风门。自救成功后，张

某一口气跑到变电所，向矿调度室报告了灾情，请求矿领导赶快派救护队来营救。之后，他又通过通风瓦斯调度电话，得知南二区域瓦斯严重超限。他对变电所值班电工说："师傅，你守在电话旁等救护队，我到风巷去撤人。"走出变电所 10 m 远时，他看见一束灯光半掩着，昏昏暗暗的，便高声呼喊："里边的工友，瓦斯突出了，赶快撤离！"发现对方没有反应时，他又抓起身边的瓦斯检测器，确定瓦斯含量不大，便直奔昏暗灯光处。

张某发现一人已经被瓦斯熏倒，便一把把他拽起来背上，并飞快地跑到 100 m 远的安全地带。张某认出这是瓦斯检查工李某。他使劲掐了掐李某，只听李某"哎呀"一声叫了起来，张某兴奋地大声喊道："李××，李××，你要挺住。"2 分钟后，李某微微睁开眼睛，有气无力地对张某说："快救工友。"

看到李某苏醒，张某松了一口气，他把李某安置在进风处，又去组织疏散其他工友。张某在发生事故周边的 4 条巷道进出口处设立了警示标语，构建了警示栅栏，并搬来 4 块重达 50 多千克的矸石分别放到 4 条巷道中间，用粉笔写上："工友：此处发生煤与瓦斯突出事故，请绕道行走！！2006 年 4 月 9 日"。

张某做完安全警示标志后，再次来到发生事故工作面的防突风门处，阻止了工作人员进入，等待救护队员的到来。

在这次事故中，张某通过自救成功脱险后，及时营救出 1 名工友，并使 1 个掘进工作面和 1 个采煤工作面的 30 多名工友迅速撤离灾区。

(三) 矿井火灾事故时的自救与互救

1. 矿井火灾事故的救护原则

(1) 控制烟雾的蔓延，使其不危及井下人员的安全。

(2) 防止火灾扩大。

(3) 防止引起瓦斯、煤尘爆炸，防止火风压引起风流逆转而造成危害。

(4) 保证救灾人员的安全，并有利于抢救遇险人员。

(5) 创造有利的灭火条件。

2. 井下火灾的常用扑救方法

(1) 直接方法灭火。用水、惰性气体、泡沫剂、干粉、砂子(岩粉)等，在火源附近或离火源一定距离直接扑灭矿井火灾。

(2) 隔绝方法灭火。隔绝灭火就是在通往火区的所有巷道内构筑防火墙，将风流全部隔断，阻止空气的供给，使矿井火灾逐渐自行熄灭。

(3) 综合方法灭火。先用密闭墙封闭火区，待火区内部分火熄灭和温度降低后，采取措施控制火区，并打开密闭墙用直接灭火方法灭火。应先将火区大面积封闭；待火势减弱后，再锁风逐步缩小火区范围；最后进行直接灭火。

【案例】

1984 年 2 月 24 日 4 时 30 分，河南省某煤矿 22231 巷道刮板输送机液力联轴节冒火，点燃了油垢、煤和杂物，引起火灾。

火灾发生后，正在井下睡觉的开溜工被烟熏醒，发现机头处一片火光，立即脱下棉背心用力扑打，但无效。于是仓皇跑出，到工作面运输平巷叫人停电灭火。在此之前，掘二队一名机电工在联络巷嗅到了烟味，他打开第一道风门时发现烟雾，打开第二道风门时，就觉得烟雾逼人，呼吸困难。他发现局部通风机正在运行吸烟，为了保证掘进工作面作业人员安全，他果断地关闭了第一台局部通风机。这时他已不能冲出火区，退而关闭第一道风门，又停止第二台局部通风机运转，以此来迫使掘一队和掘二队发现烟雾，停止送风，从而及时撤离危险区。之后他又跑到变电所切断了掘一队、掘二队和开拓队的电源，使他们急速撤离现场。当机电四队一名机电班长发现火情后，立即叫变电所值班员坚守岗位，切断开拓二队电源，把井下发生火灾的情况报告矿调度室，并急速冲入采煤工作面叫人撤离。

被火烟包围的采煤工作面共有21人,12名工人冲出了危险区,9名工人被围困在火烟区内。9名工人在驻矿安监处副处长和矿安检员的统一组织下,开展应急自救与互救工作。他们先将人员转移到采煤工作面回风巷的风门以外,并停开原生产期间为加大风量而使用的局部通风机,以降低高负压区。然后立即用衣服等物,将风门严密封闭,消除负压,使这一区域形成稳流,防止火烟往采煤工作面急速流动,以保存巷道中间有限的新鲜空气。为了避免氧耗量增加,大家静止待命,节约矿灯电量,并商讨脱险之计。当大家急着要由回风流强行撤退时,副处长提出"不能冒险、盲目集体撤出"。他派两人侦察,发现烟雾浓,温度高,不能外撤,因此,大家撤返到密闭处等待救援。当他们发现烟雾逆退时,便将回风侧的三道灭尘水幕打开,达到降温、隔绝烟雾逆流、消烟和吸收二氧化碳的目的。

6时30分,遇险人员心急难耐,重新将风门打开,发现无烟雾,便进入采煤工作面,边行进边侦察。他们到达机头处用电话与矿调度室取得了联系。调度室立即通知井下救援基地派救护队员急速前去营救。由于领取的自救器不足,第一批营救出6人,剩余的1名老救护队员与暂未撤出的3名工人一起,为了延缓时间、防止中毒,并通过敲击铁管传递信号,等待救护队第二次前来营救。8时30分,遇险人员全部安全脱险。

(四)矿井透水事故时的自救与互救

作业人员发现透水预兆要立即向矿调度室汇报。若是情况紧急,透水即将发生,必须立即发出警报,迅速采取果断措施进行处理,防止透水发生,防止淹井,并及时撤出所有受水害威胁的人员。

水害发生后的自救与互救应注意以下几个方面。

(1)撤离时要服从命令,不可慌乱,要注意往高处走,并沿预定的避灾路线出井。

（2）位于透水点下方的工作人员，撤离时遇到水势很猛和很高的水头时，要尽力屏住呼吸，用手拽住管道等物，防止呛水和溺水，奋勇用力闯过水头，借助巷道壁及其他物体，迅速撤往安全地点。

（3）当外出道路已被水阻隔、无法撤出时，应选择地势最高、离井筒或大巷最近的地点，或上山独头巷道暂时躲避。被堵在上山独头巷道内的人员，要做好长时间被堵的思想准备，要节约使用矿灯和食品，有规律地敲打金属器具，发出求救信号。同时，要发扬团结互助的精神，共同克服困难，坚信上级会全力营救，相信能够安全脱险。要忍饥静卧，降低消耗，饮水延命，等待救援脱险。

（4）若透水来自老空区和老窑积水，因同时会有大量有毒气体涌出，撤离时每人都要迅速戴好自救器，或用湿毛巾掩住口鼻，以防中毒或窒息。

（5）撤离途中经过水闸门时，最后一个人撤出后要立即紧紧关闭水闸门。水泵司机在没有接到救灾指挥部的撤离命令前，绝对不准离开工作岗位。

（五）矿山（隧道）事故救援联络信号

当矿山（隧道）事故发生后，救援人员和被困人员在采取防爆安全措施的情况下，可利用坚硬物体敲击管路、铁轨、钻杆等发出“5432”（5 声“呼救”、4 声“报数”、3 声“收到”、2 声“停止”）救援联络信号。

（1）5 声：寻求联络。被困人员敲击 5 声为求救信号；救援人员敲击 5 声为寻求联络信号。

（2）4 声：询问被困人员数量。救援人员敲击 4 声为询问信号；被困人员确认收到后，按被困人数敲击为回复信号。

（3）3 声：收到。敲击 3 声表示“收到”对方信号和意图。

（4）2 声：停止。被困人员敲击 2 声为“停止”，表示停止给养补给或遇突发情况需停止行动。

注意:每次敲击间隔 1 s,分组发出信号,每组信号间隔 30 s。明白意图后敲击 3 声回复“收到”,未“收到”回复时可重复敲击发出信号。

【案例】

1956 年 10 月 24 日 10 时 40 分,山西省某煤矿掘进巷道打通老窨水发生透水事故。这次事故共处理了 27 天,排除积水 18 万 m^3。由于被围困在灾区的 2 名工人积极采取了自救与互救措施,提前获救脱险。

该矿透水地点在北一上山西四平巷。透水后这 2 名工人逃生到西二平巷避灾。在避灾期间,他们打死了一头骡子,饿了吃骡子肉,渴了喝井下水。同时,他们坚持不懈地向下掘进小巷道以备逃生之用,直到掘通西一平巷。矿山救护队在营救时,由运输巷往上掘进 7 m 打通西一平巷后,发现西一平巷北部有一个断面为 0.25 m^2 的小通道,救护队分析事故前此处无通道,肯定是遇险人员自救扒开的。于是摘下呼吸器爬进去找人,并听到通道里有人呼吸的声音,队员们拍手向里面发出联系信号,得到了里面的回音。救护队员往上爬到西二平巷,发现了他们二人,便立即将他们抬到安全地点并施以急救,后经多方抢救,二人恢复了健康。

(六) 冒顶事故时的救护

1. 一般原则

(1) 矿井发生冒顶事故后,矿山救护队的主要任务是抢救遇险人员和恢复通风。

(2) 在处理冒顶事故之前,矿山救护队应向事故附近地区工作的管理人员和工人了解事故发生的原因、冒顶地区顶板的特性、事故前人员的分布位置、瓦斯浓度等,并实地查看周围支架和顶板情况,必要时应加固附近支架,保证退路安全畅通。

(3) 抢救人员时,可用呼喊、敲击的方法听取回击声,或用声响接收式和无线电波接收式寻人仪等装置,判断遇险人员的位置,与遇险人员保持联系，鼓励他们配合抢救工作。对于被堵人员，应在支护好顶板的情况下，用掘小巷、绕道通过冒落区或使用矿山救护轻便支架穿越冒落区等方法接近他们。

(4) 在处理冒顶事故的过程中，矿山救护队始终要有专人检查瓦斯和观察顶板情况，发现异常，立即撤出人员。

(5) 清理堵塞物时，使用工具要小心，防止伤害遇险人员；遇有大块矸石、木柱、金属网、铁架、铁柱等物压人时，可使用千斤顶、液压起重器、液压剪刀等工具进行处理，绝不可用镐刨、锤砸等方法扒人或破岩。

(6) 抢救出的遇险人员，要给其用毯子保温，并迅速将其运至安全地点进行创伤检查，在现场开展输氧和人工呼吸、止血、包扎等急救处理，危重伤员要尽快送医院治疗。对长期困在井下的人员，不要用灯光照射其眼睛，其饮食要由医生决定。

2. 抢救遇险人员的方法

(1) 当顶板冒落范围不大时，如果遇险人员被大块矸石压住，可采用千斤顶、撬棍等工具把大块岩石顶起，将人迅速救出。

(2) 当顶板沿煤壁冒落、矸石块度比较破碎、遇险人员又靠近煤壁位置时，可采用沿煤壁方向掏小洞、架设临时支架维护顶板、边支护边掏洞等方法，直到救出遇险人员。

(3) 如果遇险人员位置靠近放顶区，可采用沿放顶区方向掏小洞、架设临时支架、背帮背顶，或用前探棚边支护边掏洞等方法，把遇险人员救出。

(4) 在冒落范围较小，矸石块度小、比较破碎，并且继续下落，矸石扒一点、漏一些的情况下处理冒顶和抢救人员时，可采用撞楔法处理，以控制顶板。

(5) 当分层开采的工作面发生事故、底板是煤层、遇险人员位于金属网或荆笆假顶下面时，可沿底板煤层掏小洞，边支护边掏洞，接近遇险人员后将其救出。当底板是岩石、遇险人员位于金属网或荆笆假顶下面时，可沿煤壁掏小洞，寻找和救出遇险人员。

(6) 当冒落范围很大、遇险人员位于冒落工作面的中间时，可采用掏小洞和撞楔法的方法救出遇险人员。当事故发生时间过长而不安全时，也可采取另掘开切眼、边掘进边支护的方法救出遇险人员。

(7) 如果工作面两端冒落，把人堵在工作面内，采用掏小洞和撞楔法穿不过去，可采取另掘巷道的方法，绕过冒落区或危险区将遇险人员救出。

3. 冒顶事故的处理方法

(1) 局部小冒顶的处理。采煤工作面发生冒顶的范围小，顶板没有冒实，顶板矸石已暂时停止下落，这种局部小冒顶比较容易处理。一般采取掏梁窝、探大梁，使用单腿棚或悬挂金属顶梁的方法处理。

(2) 局部冒顶范围较大的处理。这里分两种情况：一种情况是伪顶冒落直接顶未落，一般采取从冒顶两端向中间进行探梁处理；另一种情况是直接顶冒落，而且冒落区不停地沿煤壁空隙往下掉碎矸石，一般采取打撞楔的办法处理。

(3) 大面积冒顶的处理。对于缓倾斜薄煤层和中厚煤层，尤其是中厚煤层处理工作面大冒顶的方法主要有两种，一种是恢复工作面的方法，另一种是另掘开切眼或局部另掘开切眼的方法。

(七) 井下有害气体中毒人员的救护措施

对于有害气体中毒遇险人员，应立即将其抬到新鲜风流的巷道或地面，根据其中毒情况采取急救措施。

1. 一氧化碳中毒

一氧化碳中毒人员呼吸浅而急促，失去知觉时面颊及身上有红斑，嘴唇呈桃红色。对中毒人员可采用人工呼吸或用苏生器输氧。输氧时可渗入5%～7%的二氧化碳，以使其呼吸中枢兴奋，促进其恢复呼吸机能。

2. 硫化氢中毒

硫化氢中毒除施行人工呼吸或用苏生器输氧外，可将浸以氯水溶液的棉花团、手帕等放入其口腔内，因为氯是硫化氢的良好解毒物。

3. 二氧化硫中毒

由于二氧化硫遇水生成硫酸，对呼吸系统有强烈的刺激作用，严重时可能被灼伤，所以除了施行人工呼吸或用苏生器输氧外，应给中毒人员服牛奶、蜂蜜或用苏打溶液漱口，以减轻刺激。

4. 二氧化氮中毒

二氧化氮中毒最突出的特征是指尖、头发变黄，并有咳嗽、恶心、呕吐等症状。因为二氧化氮中毒时，中毒人员会发生肺浮肿，因而不能采用人工呼吸。若必须用苏生器苏生时，在纯氧中不能掺二氧化碳，以避免刺激中毒人员的肺部，最好是在苏生器供氧的情况下，使中毒人员能进行自主呼吸。

5. 二氧化碳及瓦斯窒息

对二氧化碳及瓦斯窒息造成假死的中毒人员，除了对其进行人工呼吸和用苏生器输氧外，还要摩擦其皮肤或令其闻氨水，以促进其呼吸。

第三节　现场急救

现场急救是指当煤矿发生人身伤害事故时，由现场工作人员对伤员采取的紧急救护措施。现场急救包括现场评估、呼救、解脱伤员、心肺脑复苏、止血包扎、固定、搬运等。现场急救的目的是使伤员得到及时、正确的救助，减少伤员的痛苦，挽救伤员的生命，避免二次损伤发生。现场急救强调现场性、非专业性。

一、现场急救的基本原则

(1) 先看后抢：评估现场和伤员的伤情。

(2) 先抢后救：使处于危险境地的伤员尽快脱离险境，将其移至安全地带后再救治。

(3) 先重后轻：对大出血、呼吸异常、脉搏细弱或心搏骤停、神志不清的伤员，应立即采取急救措施，挽救其生命。对昏迷伤员应注意维持其呼吸道通畅。处理伤口时，一般应先止血、后包扎、再固定，并尽快将伤员妥善地转送医院。

(4) 先救后送：现场所有的伤员必须经过急救处理后，方可转送医院。

二、现场急救的方法

(一) 迅速判断事故现场的基本情况

1. 现场评估内容

(1) 注意现场是否仍有危险存在，评估通风、顶板、瓦斯、水况、油气、机械等因素是否可能对救护者或伤员继续造成伤害。

(2) 引起伤害的原因和受伤人数。

(3) 现场急救可以利用的人力和物力资源，现场最需要何种支援，应首先采取的救护行动等。

2. 伤情评估内容

现场评估后，要进行伤情评估，包括检查病人的意识、气道、呼吸、心跳、瞳孔反应等生命体征。若发现异常，须先处理威胁生命的情况并及时呼救。

(二) 呼救

(1) 向附近人群高声呼救："快来人呀！这里有人受伤，需要抢救！"以吸引附近的同伴尽快参与抢救。

(2) 拨打电话向矿调度室进行紧急汇报。汇报内容包括：① 发现伤员所在的确切地点，引起受伤的可能原因，伤员的人数和大概伤情；② 病人目前最危重的情况，如昏迷、呼吸困难、心跳停止、大出血等；③ 现场已采取的救护措施，如止血、心肺复苏等。汇报后，呼救者不要先放下话筒，要等矿调度人员先挂断电话再挂机。急救部门根据呼救电话的内容，应迅速下达救护指示，派出急救人员，及时赶到事故现场。

（三）排除事故现场潜在危险

要及时排除事故现场潜在的危险，帮助受困人员脱离险境。

（四）注意保护事故现场

一般不得随意把伤员移出事故现场，但若伤员处于潜在危险之中，则应迅速将其移出现场并置于安全地带施救，伤员出事位置要做标记。

（五）伤情检查

要有整体观，首先要查出危及生命和可能致残的危重伤员，切勿被局部伤口迷惑。

1. 生命体征

检查伤员的意识、瞳孔、脉搏、呼吸等。

2. 出血情况

伤口大量出血是伤情加重或致死的重要原因，现场应尽快发现危重伤员大出血的部位。若伤员有面色苍白、脉搏快而弱、四肢冰凉等大失血的征象，却没有明显的伤口，应警惕其为内出血。

3. 有无骨折

当发生骨折时，伤员的肢体会出现畸形、反常活动、肿胀、青紫等情况。

4. 皮肤及软组织损伤

伤员的皮肤表面会出现淤血、血肿等。

（六）徒手心肺复苏

心肺复苏是针对呼吸、心搏骤停的伤员采取的急救措施。由于心跳、呼吸突然停止，会导致伤员全身重要脏器发生缺血缺氧，尤其是大脑。大脑一旦缺血缺氧时间超过 4～6 min，脑细胞将发生不可逆的损害。因此在 4～6 min 内，最好能在 4 min 内，应对伤员进行心肺复苏，在其气道畅通的前提下用人工呼吸为其补充氧气、用胸外心脏按压使带有新鲜氧气的血液到达其大脑和其他重要脏器。

心肺复苏的目的不仅要使心肺的功能得以恢复,更重要的是恢复大脑功能,避免和减少植物状态的发生。对心跳、呼吸骤停后的伤员,在 1 min 内进行心肺复苏的救活率接近 100%;在 4 min 内进行心肺复苏的,约有 50%被救活;在 4～6 min 开始心肺复苏的,只有 10%被救活;10 min 以后才施救的,几乎无存活的可能。因此,争分夺秒的现场救护非常重要。

徒手心肺复苏的操作方法和步骤如下。

1. 环境评估

现场急救人员应观察周围环境,保证通风、顶板、瓦斯等因素良好。

2. 判断意识

现场急救人员应轻拍伤员肩部,问:"喂!你怎么了?"如果伤员对此毫无反应,则可判断其无意识,应立即呼救。若有意识,则按要求为其提供帮助。

3. 判断颈动脉博

现场急救人员应用食指和中指指尖触及伤员的气管正中部(喉结部位),判断时间不超过 10 s,如不能触及其动脉搏动,应立即进行心肺复苏。

4. 安置病人体位

现场急救人员应使病人仰卧在硬板床或地板上,令其头颈、躯干无扭曲,两臂放于身体两侧,解开其上衣、腰带,脱下其袜子和靴子,暴露其前胸,检查其全身各处是否有外伤和骨折。

5. 通畅气道

现场急救人员应打开昏迷者的口腔,将其头微微侧向施救者方向,手指进入其口腔,将其口中和气道中的异物抠出。

6. 胸外按压

(1) 按压部位:两乳头连线中点处(胸骨下半部)。

(2) 按压手法:左手掌根部置于按压位置,右手掌根部压在左手手背上,手指交叉,肘部伸直,上肢与胸壁垂直,用上半身的力量垂直向下按压。

(3) 按压幅度:大于等于 5 cm。

(4) 按压频率:每分钟大于等于 100 次。

(5) 按压与呼吸比例:30∶2,反复进行。

(6) 操作 5 个循环后判断是否有效。若无效,继续上述操作 5 个循环后再次判断,直至高级生命支持措施的开始。

7. 人工呼吸

人工呼吸适用于触电休克、溺水、有害气体中毒、窒息或外伤窒息等引起的呼吸停止、假死状态者。如果伤员呼吸停止不久,大都能通过人工呼吸抢救过来。

人工呼吸方法有口对口吹气法、仰卧压胸法和俯卧压背法 3 种。最常用的方法为口对口吹气法。

(1) 口对口吹气法。

口对口吹气法是效果最好、操作最简单的一种方法。现场救援人员在操作前应使伤员仰卧,救护者在伤员头部的一侧,一手托起伤员下颌,并尽量使其头部后仰;另一手将其鼻孔捏住,以免吹气时从鼻孔漏气。救援人员自己深吸一口气,对准伤员的口将气吹入,使伤员吸气;然后,松开捏住鼻子的手,并用手压其胸部以帮助伤员呼气。如此有节律地、均匀地反复进行,每分钟吹气 14～16 次。注意吹气时切勿过猛、过短,也不宜过长,以占一次呼吸周期的 1/3 为宜。如图 6-1 所示。

(2) 仰卧压胸法。

现场救援人员首先让伤员仰卧,跨跪在伤员大腿两侧,两手拇指向内,其余四指向外伸开,平放在伤员胸部两乳头之下,借助上

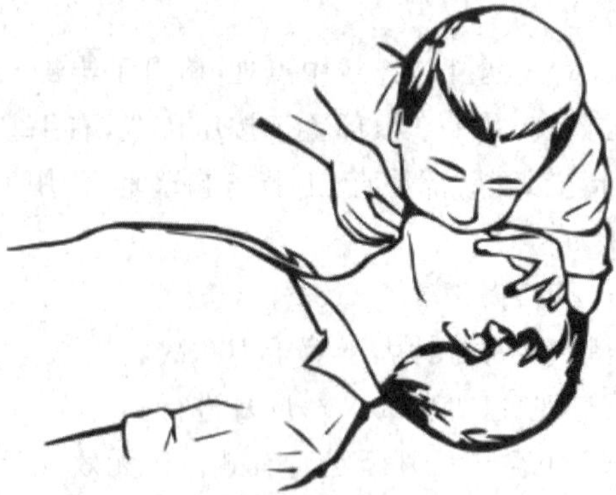

图 6-1　口对口吹气法

半身重力压伤员胸部，挤出伤员肺内空气；然后，救援人员身体后仰，除去压力，伤员胸部依其弹性自然扩张，使伤员的肺内吸入空气。如此有节奏地进行，每分钟 16～20 次。如图 6-2 所示。

图 6-2　仰卧压胸法

此法不适用于胸部外伤或二氧化硫、二氧化氮中毒者，也不能与胸外心脏按压法同时进行。

(3) 俯卧压背法。

俯卧压背法与仰卧压胸法在操作上大致相同，只是现场救援人员应使伤员俯卧、跨跪在伤员两大腿外侧。因为用这种方法做人工呼吸有利于伤员排出肺内水分，因而适用于对溺水人员的急救。如图 6-3 所示。

图 6-3　俯卧压背法

8. 有效验证

(1) 能扪及伤员的大动脉搏动，收缩压大于 60 mmHg。

(2) 伤员的面色、口唇、甲床和皮肤色泽转红。

(3) 伤员的呼吸改善或出现自主呼吸。

(4) 伤员散大的瞳孔缩小。

(5) 伤员的眼球转动，睫毛反射与对光反射出现，甚至手脚抽动，肌张力增加。

(七) 止血

出血是由于血管损伤破裂而造成的。

1. 出血的特征

血管不同，出血也有不同的特征。

(1) 动脉出血的特征是血色鲜红，出血时像小喷泉一样不止。因为动脉出血的流量大，时间稍久就会有生命危险。

（2）静脉出血的特征是血色暗红，血液呈持续性溢出。

2. 止血的方法

（1）压迫止血法。

一个人受了伤，如果立即果断地用手指用力压紧伤口附近靠近心脏一端的动脉跳动处并把血管紧压在骨头上，就能很快收到临时止血效果。

（2）加压包扎止血法。

这种方法适用于小血管和毛细血管的止血。现场急救人员应先用消毒纱布（也可用干净的毛巾）敷在伤口上，再加上棉花团或纱布卷，并用绷带紧紧包扎，以达到止血的目的。如果伤肢有骨折，还要另加夹板固定。

（3）加垫屈肢止血法。

这种方法多用于小臂和小腿的止血。它是利用肘关节或膝关节的弯曲功能压迫血管达到止血的目的。现场急救人员应在伤员的肘窝或膝窝内放入棉垫或布垫，使伤员的关节弯曲到最大限度，再用绷带把其前臂缠住或者将小腿与大腿固定。如果伤肢有骨折，也应先用夹板固定。如图6-4所示。

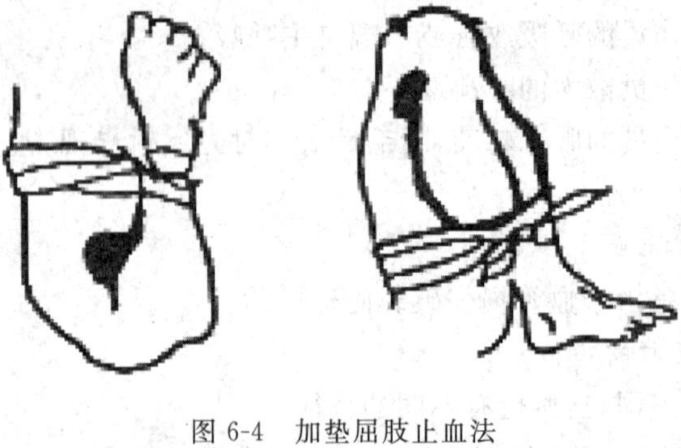

图6-4　加垫屈肢止血法

（4）止血带止血法。

这种方法适用于四肢大血管的出血，尤其是动脉血管出血。一般用橡皮管（也可用毛巾、布带或绳子代替）绕肢体包扎、打结、固定或在结内（或结下）穿一根短木棒，绞紧止血带，直到不流血为止，然后把木棒固定在肢体上。在包扎和绞止血带时，不要过紧或过松。

（八）创伤包扎

包扎的目的是保护伤口和创面，减少伤口的感染，减轻伤员的痛苦。加压包扎有止血作用。用夹板固定骨折的肢体时，必须要包扎，以减少继发性损伤，也便于将伤员运送到医院。

包扎的注意事项如下。

(1) 不能用井下的污水冲洗伤口；接触伤口的敷料应尽量使用消毒敷料，如果没有消毒敷料，应选用较干净的毛巾、内衣等布料包扎伤口，不要用手接触伤口；包扎的范围应超出伤口边缘5～10 cm。

(2) 伤口表面的异物，如煤块、矸石、衣服碎片等，可以去除。深部的异物不应当时取出，以免加重感染或引起大出血。

(3) 肠管等内脏脱落时，不要送回伤口内，以免造成腔内感染。

(4) 包扎时动作要轻柔，必要时应将伤员的衣服剪开，以利于操作。包扎的松紧度要适宜，避免过松或过紧，接头不要打在伤口。

（九）骨折临时固定

骨折临时固定可以减轻伤员的疼痛，可以防止因骨折端移位而刺伤邻近组织、血管和神经，也是防止创伤休克的有效急救措施。如图6-5所示。

骨折临时固定的操作要点如下。

(1) 伤员如有伤口出血，应先对其止血并包扎伤口，再做骨折的固定。伤员如有休克应先进行心肺复苏。伤员有脑伤和腹部伤

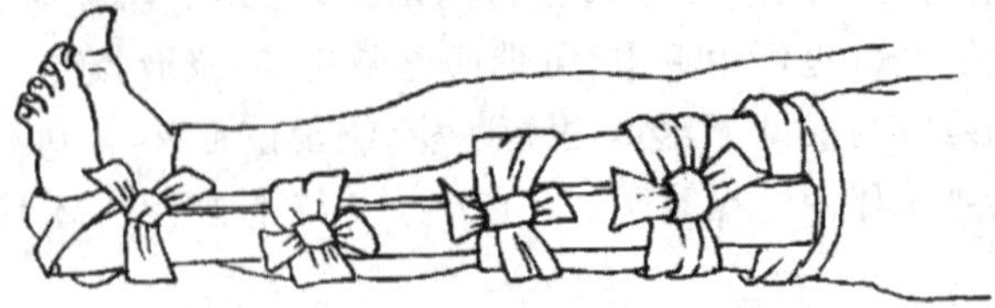

图 6-5　骨折临时固定

时不能服药。

(2) 在井下对伤员做临时固定，目的在于保证将伤员安全地向地面医院转运。因此，对于有明显外伤畸形的伤肢，只需要做临时固定进行大体纠正，而不需要按原形完全恢复，也不要把露出的断骨送回伤口，否则会给伤员增加不必要的痛苦或因处理不当而使伤情加重。

(3) 要尽可能地将伤员就地固定(主要固定四肢和脊柱骨的骨折)。应注意，在固定前不要无故移动伤员的衣服和裤子。

(4) 做临时固定的夹板要与伤肢相称，夹板应能托住整个伤肢。除了把骨折的上下两端固定好外，如遇关节处，要同时把关节固定好。

(5) 夹板不能与皮肤直接接触，要用棉花、布片或毛巾等柔软物品垫好，尤其要垫好夹板两端、骨头突出的地方和空隙的部分。

(十) 伤员的搬运

搬运伤员时，应注意以下事项。

(1) 在搬运以前，一定要先做好对伤员的检查和完成初步的急救处理，以保证搬运途中的安全。

(2) 对窒息或心跳、呼吸骤停的伤员，应先复苏后搬运；对出血的伤员，应先止血后搬运。

(3) 要根据伤情轻重，决定搬运方向。没有现成担架时，可用木棍、衣服、绳子、风筒等做成简易担架。搬运重伤员时，应将担架放在伤员的一侧，用平托法或翻滚法将伤员搬移到担架上。

(4) 走平巷搬运伤员时，一定要使伤员的脚朝前、头朝后，这样可使后面的搬运人员随时看到伤员的面部表情，若发现异常，能及时抢救。在斜巷搬运时，不论上山、下山，都要使担架保持水平状态。

(5) 搬运伤员行进中，搬运人员的动作一定要轻、脚步一定要稳、步伐要求一致，避免摇晃和振动。

(6) 在搬运转送中，伤员出现病变时要对其就地急救，待其恢复正常后再继续搬运。

(7) 将伤员搬运到大巷后，如有专用车辆转送，一定要把担架放稳放平，行车速度不宜太快，以免颠簸；如用空矿车送，一定要固定好担架，把伤员牢固地绑在担架和车身上，担架两侧还要有人看护，并严格控制行车速度。

(8) 搬运伤员时，搬运人员一定要沉着镇定，不论什么情况下都不可惊慌失措。

三、自救器的安全使用

《煤矿安全规程》规定，入井人员必须随身携带额定防护时间不低于 30 min 的隔绝式自救器。

自救器是一种轻便、体积小、便于携带、戴用迅速、作用时间短的个人呼吸保护装备。当井下发生火灾、爆炸、煤和瓦斯突出等事故时，正确佩戴自救器可有效防止中毒或窒息。从国内外事故教训来看，不少遇难者当时如果佩戴自救器是完全可以避免死亡的。煤矿常用的隔离式自救器分为隔离式化学氧自救器和隔离式压缩氧自救器两种。目前，煤矿企业主要使用隔离式压缩氧自救器。

（一）隔离式自救器的使用步骤（如图 6-6 所示）

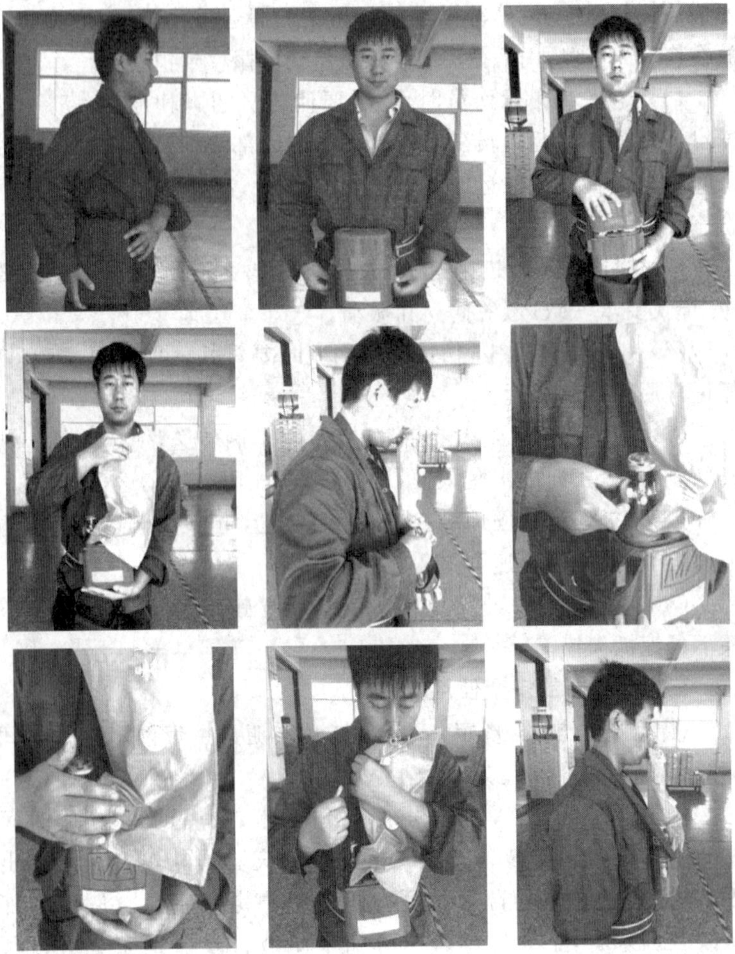

图 6-6　隔离式自救器的使用步骤

（1）将佩戴的自救器移至身体的正前方。

（2）拉开自救器两侧的塑料挂钩并取下上盖。

(3) 展开气囊,注意气囊不能扭折。

(4) 把口具片放在唇和牙齿之间,牙齿紧紧咬住牙垫,紧闭嘴唇,将鼻夹弹簧掰开,用鼻垫准确地夹住鼻孔,用嘴呼吸。

(5) 逆时针转动氧气瓶开关手轮,打开氧气瓶开关(完全打开),用手指按动补气压板,使气囊迅速鼓起。

(6) 撤离灾区。

(二) 隔离式压缩氧自救器的使用注意事项

(1) 佩戴使用自救器前,须由专业人员进行试用培训,并认真阅读使用说明书,以便在使用过程中准确无误地操作。

(2) 携带自救器下井前和在佩戴过程中,要经常观察压力表的示值,保证其压力指针不得低于 18 MPa。

(3) 严禁无故开启、磕碰和坐压自救器。

(4) 使用自救器时,应保持沉着。在呼气和吸气时,应保持慢速深呼吸。口与自救器距离应保证气囊尽量拉展,以免气囊内的呼气软管打折而使呼气阻力增加。在使用自救器的中后期,清净罐的温度略有上升是正常的,不必紧张。

(5) 自救器使用过程中,应避免气囊被利器划伤或受到挤压。

(6) 使用者在未脱离灾区或在高温环境时,切勿摘下自救器。

(7) 当气囊内有气时,不可挤压气囊及补气压板。

(8) 严禁在井下随意拆解自救器。

(9) 自救器每季度进行一次外观检查。凡自救器开启、封印条断裂、外壳严重破损变形的一律报废。

(10) 检查氢氧化钙更换情况。氢氧化钙不应少于 6 个月更换一次,换药后应检测呼吸系统的气密性。

第七章 矿井通风

第一节 矿井通风的基本任务

一、正常生产时期

(1) 将足够的新鲜空气送到井下,供给井下人员呼吸所需要的氧气。

(2) 将冲淡井下有毒有害气体和粉尘后的污浊空气排出地面,保证井下空气质量并使矿尘浓度限制在规定的安全范围内。

(3) 新鲜空气送到井下后,能够调节井下巷道和作业场所的气候条件,满足井下规定的风速、温度和湿度的要求,创造良好的作业环境。

二、矿井灾变时期

矿井发生瓦斯(煤尘)爆炸、火灾等重大事故时,通过通风系统合理调整风量的分配,尽量减少事故造成的人员伤亡和财产损失。

第二节 矿井空气及安全标准

一、地面空气的组成

地面空气是由干空气和水蒸气组成的混合气体,通常称为湿空气。干空气是指完全不含有水蒸气的空气,是由氧气(O_2)、氮气(N_2)、二氧化碳(CO_2)、氩气(Ar)、氖气(Ne)和其他一些微量气体组成的混合气体。干空气的组成成分比较稳定,如表 7-1 所示。

表 7-1 干空气的组成成分

气体名称	按体积计/%	按质量计/%
氧气(O_2)	20.94	23.14
氮气(N_2)	78.09	75.53
二氧化碳(CO_2)	0.03	0.05
稀有气体	0.94	1.28

湿空气中仅含有少量的水蒸气,但其含量的变化会引起湿空气的物理性质和状态发生变化。

二、矿井空气和气候

(一) 矿井空气主要成分及其性质

地面空气进入矿井采掘地点以后,由于受到污染,其成分和性质会发生一系列的变化。如氧气含量降低,二氧化碳含量升高;混入各种有毒、有害气体和矿尘;空气的状态参数(温度、湿度、压力等)发生改变等。一般将井巷中没经过用风地点、受污染程度较轻的进风巷道内的空气,称为新鲜空气;将经过用风地点、受污染程度较重的回风巷道内的空气,称为污浊空气或乏气。

尽管矿井空气与地面空气相比,在性质上存在许多差异,但进入矿井的新鲜空气的主要成分仍然是氧气、氮气和二氧化碳。

1. 氧气

氧气是维持人体正常生理机能所需要的气体。人类在生命活动过程中,必须不断吸入氧气、呼出二氧化碳。人体维持正常生命过程所需的氧气量取决于人的体质、精神状态和劳动强度等。当空气中的氧浓度降低时,人体就可能产生不良的生理反应,出现种种不舒适的症状,严重时可能导致缺氧死亡。人体缺氧症状与空气中氧浓度的关系如表 7-2 所示。

表 7-2　人体缺氧症状与空气中氧浓度的关系

氧浓度(体积)/%	主要症状
17	静止时无影响,工作时能引起喘息和呼吸困难
15	呼吸及心跳急促,耳鸣目眩,感觉和判断能力降低,丧失劳动能力
10～12	失去理智,时间稍长有生命危险
6～9	失去知觉,呼吸停止,如不及时抢救,几分钟内便可导致死亡

造成矿井空气中氧浓度降低的主要原因有:人员呼吸,煤岩和其他有机物的缓慢氧化,煤炭自燃,瓦斯、煤尘爆炸。此外,煤岩和生产过程中产生的各种有害气体,也会使空气中的氧浓度相对降低。所以,在井下通风不良的地点,空气中的氧浓度可能显著降低,如果不经检查而贸然进入,可能引起人员缺氧窒息。

2. 二氧化碳

二氧化碳不助燃,也不能供人呼吸,略带酸臭味。二氧化碳比空气重,与空气的相对密度为 1.52。在风速较小的巷道中,底板附近的二氧化碳浓度较大;在风速较大的巷道中,二氧化碳一般能与空气均匀地混合。

新鲜空气中含有微量的二氧化碳对人体是无害的。二氧化碳对人体的呼吸中枢神经有刺激作用,如果空气中完全不含有二氧化碳,则人体的正常呼吸功能就不能维持。所以在抢救遇险者进行人工输氧时,往往要在氧气中加入 5%的二氧化碳,以刺激遇险者的呼吸机能。但当空气中二氧化碳的浓度过高时,也将使空气中的氧浓度相对降低,轻则使人呼吸加快、呼吸量增加,严重时可能造成人员中毒或窒息。

矿井空气中二氧化碳的主要来源有:煤和坑木的氧化;碳酸型岩石的分解;从煤层或围岩中涌出;井下火灾或者火区内;井下爆破作业;人员呼吸;瓦斯、煤尘爆炸等。

3. 氮气

氮气是一种惰性气体,是新鲜空气的主要成分,它本身无毒,不助燃,也不供呼吸。若空气中氮气浓度升高,则势必造成氧浓度相对降低,从而可能导致对人员的窒息性伤害。正因为氮气为惰性气体,因此可将其用于井下防灭火和防止瓦斯爆炸。

矿井空气中氮气的主要来源有:井下爆破和生物的腐烂及从煤岩层中涌出。

(二)矿井主要有害气体及其主要性质

1. 一氧化碳(CO)

一氧化碳是一种无色、无味、无臭的气体,相对密度为 0.97,微溶于水,能与空气均匀地混合。一氧化碳能燃烧,当空气中一氧化碳的浓度在 13%~75%时有爆炸危险。

一氧化碳与人体血液中血红素的亲和力比氧大 250~300 倍。一氧化碳进入人体后,首先与血液中的血红素相结合,因而减少了血红素与氧结合的机会,使血红素失去输氧的功能,从而造成人体血液“窒息”。所以,医学上又将一氧化碳称为血液窒息性气体。

矿井空气中一氧化碳的主要来源有:井下爆破,矿井火灾,煤炭自燃以及煤尘、瓦斯爆炸等。

2. 硫化氢(H_2S)

硫化氢无色、微甜、有浓烈的臭鸡蛋味,当空气中硫化氢的浓度达到 0.000 1%时即可嗅到,但当浓度较高时,因嗅觉神经中毒麻痹,反而嗅不到。硫化氢的相对密度为 1.19,易溶于水,在常温、常压下一个体积的水可溶解 2.5 个体积的硫化氢,所以它可能积存于旧巷的积水中。硫化氢能燃烧,当空气中硫化氢的浓度为 4.3%~45.5%时有爆炸危险。

硫化氢有剧毒,有强烈的刺激作用,不但能引起鼻炎、气管炎和肺水肿,而且能阻碍生物的氧化过程,使人体缺氧。当空气中硫化氢浓度较低时,以腐蚀刺激作用为主;浓度较高时,能引起人员迅速昏迷或死亡，腐蚀刺激作用往往不明显。

空气中硫化氢的主要来源有有机物腐烂、含硫矿物的水解、矿物氧化和燃烧、从老空区和旧巷积水中放出等，我国有些矿区的煤层中也有硫化氢涌出。

3. 二氧化氮(NO_2)

二氧化氮是一种褐红色的气体，有强烈的刺激性气味，相对密度为1.59，易溶于水。二氧化氮溶于水后会生成腐蚀性很强的硝酸，对眼睛、呼吸道黏膜和肺部组织有强烈的刺激及腐蚀作用，严重时可引起肺水肿。二氧化氮中毒有潜伏期，有些人在严重中毒时尚无明显感觉，还可坚持工作，但6～24 h后症状发作，中毒者的手指头会出现黄色斑点，并出现严重的咳嗽、头痛、呕吐症状，甚至死亡。

矿井空气中二氧化氮的主要来源是井下爆破作业。

4. 二氧化硫(SO_2)

二氧化硫无色、有强烈的硫黄气味及酸味，当空气中二氧化硫的浓度达到0.000 5%时即可嗅到。二氧化硫的相对密度为2.22。在风速较小时，二氧化硫易积聚于巷道的底部。二氧化硫易溶于水，在常温、常压下1个体积的水可溶解4个体积的二氧化硫。二氧化硫遇水后生成硫酸，对眼睛及呼吸系统黏膜有强烈的刺激作用，可引起喉炎和肺水肿。当空气中的二氧化硫浓度达到0.002%时，眼睛及呼吸器官即感受到强烈的刺激；浓度达到0.05%时，短时间内即可造成生命危险。

矿井空气中二氧化硫的主要来源有含硫矿物的氧化与自燃，含硫矿物的爆破以及从含硫矿层中涌出。

5. 氨气(NH_3)

氨气是一种无色、有浓烈臭味的气体，比重为0.596，易溶于水，当空气中氨气的浓度达到30%时有爆炸危险。氨气对皮肤和呼吸道黏膜有刺激作用，可引起喉头水肿。

矿井空气中氨气的主要来源有爆破作业、用水灭火等，部分岩层中也有氨气涌出。

6. 氢气(H_2)

氢气无色、无味、无毒，相对密度为0.07。氢气能自燃，当空气中氢气的浓度为4%～74%时有爆炸危险。

空气中氢气的主要来源是井下蓄电池充电时放出，有些中等变质的煤层中也有氢气涌出。

(三) 矿井空气主要成分的浓度标准

由于矿井空气质量对人员健康和矿井安全有着重要的影响，所以《煤矿安全规程》对矿井空气主要成分(氧气、二氧化碳)的浓度标准做出了明确的规定，采掘工作面进风流中的氧气浓度不得低于20%，二氧化碳浓度不得超过0.5%。有害气体的最高允许浓度如表7-3所示。

表7-3 矿井有害气体最高允许浓度

名称	最高允许浓度/%
一氧化碳	0.002 4
氧化氮(换算成二氧化氮)	0.000 25
二氧化硫	0.000 5
硫化氢	0.000 66
氨气	0.004

注：瓦斯、二氧化碳和氢气的允许浓度按照《煤矿安全规程》的有关规定执行。矿井所有气体的浓度均按体积百分比计算。

(四) 矿井气候

矿井气候是指矿井空气的温度、湿度和流速这三个参数的综合作用状态。矿井气候条件的好坏，对井下作业人员的身体健康和劳动安全有着重要的影响，良好的矿井气候条件是保证矿井安全生产的重要因素。因此，保持良好的矿井气候条件是矿井通风的基本任务之一。

1. 矿井空气温度

矿井空气温度是影响矿井气候条件的主要因素，它与人体温度差的大小直接影响身体向外散热的快慢。温度过高或过低时，都会使人感到不舒适，甚至危害身体健康。最适宜的井下空气温度是15～20 ℃。

《煤矿安全规程》第六百五十五条规定，当采掘工作面空气温度超过26 ℃、机电设备硐室超过30 ℃时，必须缩短超温地点工作人员的工作时间，并给予高温保健待遇。当采掘工作面的空气温度超过30 ℃、机电设备硐室超过34 ℃时，必须停止作业。新建、改扩建矿井设计时，必须进行矿井风温预测计算，超温地点必须有降温设施。

《煤矿安全规程》第六百五十六条规定，有热害的井工煤矿应当采取通风等非机械制冷降温措施。无法达到环境温度要求时，应当采用机械制冷降温措施。

2. 矿井空气的湿度

空气的湿度是指空气中所含水蒸气的量，表示湿度的方法有绝对湿度和相对湿度两种。绝对湿度是指1 m^3或1 kg空气中所含水蒸气的克数。相对湿度是指某一体积空气中实际含有的水蒸气量与同温同压下饱和水蒸气量之比的百分数。

3. 井巷风速

风速是指风流单位时间内流过的距离。井巷气候条件的好坏主要是指人体向外散热条件的好坏，这与风速有关。风速过低时，汗水不易蒸发，人体多余的热量不易散失掉，人就会感到闷热不舒服，同时瓦斯也容易积聚；风速过高时，容易使人感冒，矿尘飞扬。因此，《煤矿安全规程》规定了井巷中的允许风流速度，如表7-4所示。

表 7-4 井巷中的允许风流速度

井巷名称	允许风速/(m·s⁻¹)	
	最低	最高
无提升设备的风井和风硐		15
专为升降物料的井筒		12
风桥		10
升降人员和物料的井筒		8
主要进、回风巷		8
架线电机车巷道	1.0	8
输送机巷,采区进、回风巷	0.25	6
采煤工作面、掘进中的煤巷和半煤岩巷	0.25	4
掘进中的岩巷	0.15	4
其他通风人行巷道	0.15	

设有梯子间的井筒或修理中的井筒,风速不得超过 8 m/s;梯子间四周经封闭后,井筒中的最高允许风速可以按表 7-4 规定执行。综合机械化采煤工作面,在采取煤层注水和采煤机喷雾降尘等措施后,其最大风速可高于表 7-4 的规定值,但不得超过 5 m/s。

4. 矿井气候条件的改善

改善矿井气候条件的目的是将井下特别是采掘地点的空气温度、湿度和风速合理配置,以创造良好的作业环境,保证作业人员的身体健康和提高劳动生产率。在煤矿生产过程中,控制空气湿度较困难,主要从调节气温和风速入手。

(1) 空气预热。

冬季时,我国北方地区地面温度很低,冷空气进入井下会使井筒和井底车场结冰,对行人、运输和提升都不安全,容易引发事故。因此,需要对进入井下的冷空气预热。一般井口房不密闭时采用冷热风在井筒内混合、在井口房内混合,以及在井口房和井筒内同时混合等方式,如图 7-1 所示。通常采用的预热方法是使用蒸汽或水暖设备,将一部分空气加热到 70～80 ℃,并使其进入井筒与冷空气混合,以使混合后进入井筒的空气温度不低于 2 ℃。

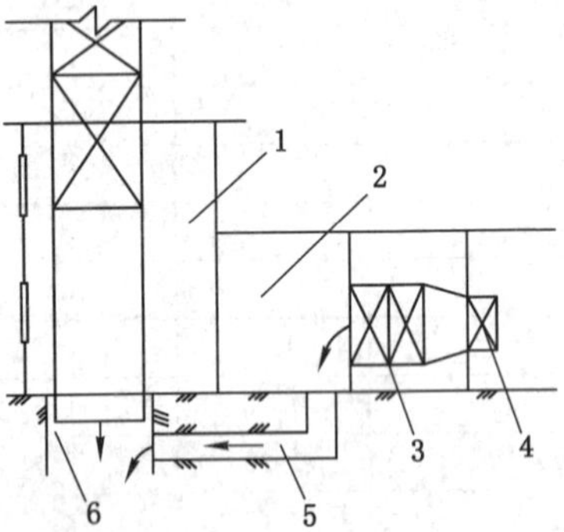

(a) 冷热风在井筒内混合

1—通风机房; 2—空气加热室; 3—空气加热器; 4—通风机; 5—热风道; 6—井筒。

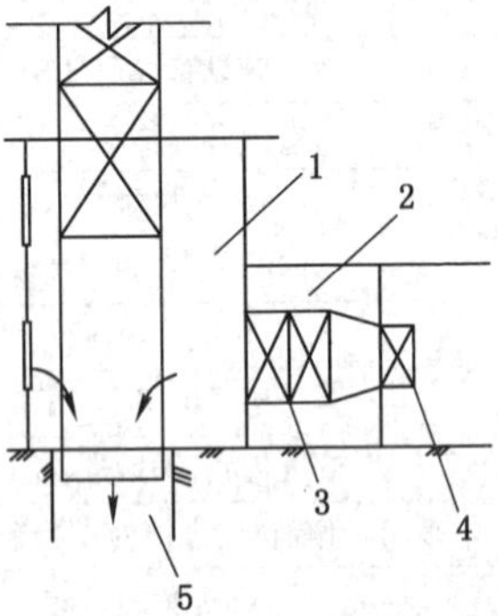

(b) 冷热风在井口房内混合

1—通风机房; 2—空气加热室; 3—空气加热器; 4—通风机; 5—井筒。

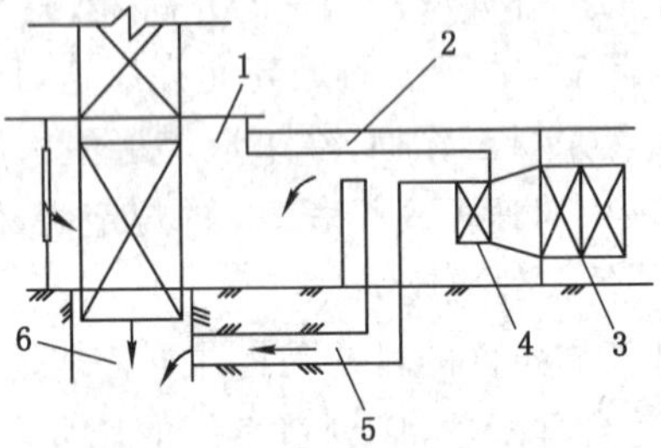

(c) 冷热风在井口房和井筒内同时混合

1—通风机房; 2—空气加热室; 3—空气加热器; 4—通风机; 5—热风道; 6—井筒。

图 7-1　井口空气预热方式

(2) 降温。

在我国南方地区和一些开采深度较大的矿井,夏季时在地面气温和井下其他热源的影响下,采掘工作面的温度和湿度会超过

《煤矿安全规程》的规定值，因此，需要采取以下降温措施。

① 通风降温。

通风降温是目前国内外深部开采矿井普遍采用的降温措施之一，主要有以下几种方法。

建立合理的通风系统，减少漏风，增加工作面有效风量。对于深部开采高热矿井，为保证将一定数量和质量的空气送入井下各用风区域，必须建立合理的、可靠的通风系统。

从降温效果来看，在考虑进风井和回风井相对位置时，混合式通风最优，对角式通风次之，中央式通风最差。

对于深部开采的风井，其通风路线较长，风流与井巷的热交换时间长，空气沿途升温较大，所以，尽量将开拓和采区巷道布置在距离热源较远的岩层内，实行分区通风，以缩短风路。

在地质条件和采煤工艺允许时，将采煤工作面U形通风系统改为W形通风系统能降低其温度。W形通风系统的主要优点是：采煤工作面的风流路线可以缩短一半，工作面风量可提高1倍，从而达到降温效果。

综采工作面采用U形通风系统时，一般将机电设备安装在进风巷内。为防止机电设备散热随风流进入采煤工作面，根据工作面的具体条件可将上行通风改为下行通风，或者将机电设备安装在回风巷道内。采掘工作面根据需要可以采用冷水喷雾和冰块降温措施，亦可以采用机械设备强制制冷来降低工作面温度。

② 减少各种热源或减弱其散热强度。

减少各种热源或减弱其散热强度的主要措施有以下几种：

a. 地下热水或火区的热水以最短的路线流入水仓、排至地面。

b. 减少机械散热。井下主要的大型机电硐室必须采用独立的回风系统，将温度较高的回风排入回风道内。

c. 减少氧化放热。氧化放热和局部热源放热是井巷风流升温的重要因素，尤其是在井巷干燥、煤尘较多、使用木支架通风路线长的巷道中，风流升温比较明显。采用木材支架或者使用不易氧化的材料涂抹巷道壁面，可以有效降低氧化放热量。

第三节　矿井通风系统

在煤炭地下开采过程中，为将地面的新鲜空气定量地供给井下各用风地点，同时稀释并排出污浊空气，除了需要一系列的巷道，使空气能够按照生产的需要定量、定向而且连续地流向各用风地点以外，还需要一系列的通风动力机械和控制风流的设施，如风门、密闭和风桥等。因此，矿井通风系统是向矿井各作业地点供给新鲜空气、排出污浊空气的进、回风井的布置方式，主要通风机的工作方法、通风网络和通风控制设施的总称。

一、通风方式

矿井通风方式是对矿井的进、回风井井筒的相对位置而言的，一个矿井若要构成通风系统至少需要一个进风井和一个回风井。按照进、回风井的相对位置，矿井通风方式可分为中央式通风、对角式通风和混合式通风三类。

（一）中央式通风

该通风方式的进、回风井均位于井田走向中央。根据进、回风井的相对位置，又分为中央并列式通风和中央边界式（中央分列式）通风，分别如图 7-2(a)和图 7-2(b)所示。

在中央式通风方式中，矿井通风路线是折返的，故比其他通风方式的通风阻力大，且阻力的变化幅度也大，主要通风机工作不稳定、效率低、能耗大。由于风流折返和阻力大，进、回风侧的压差较大，矿井漏风大，对矿井防火不利。但中央式通风，尤其是中央并列式通风具有基建费用少、建井时间短、投产快、工矿建筑集中、便于管理、井筒延深工作方便和易实现矿井反风等优点。

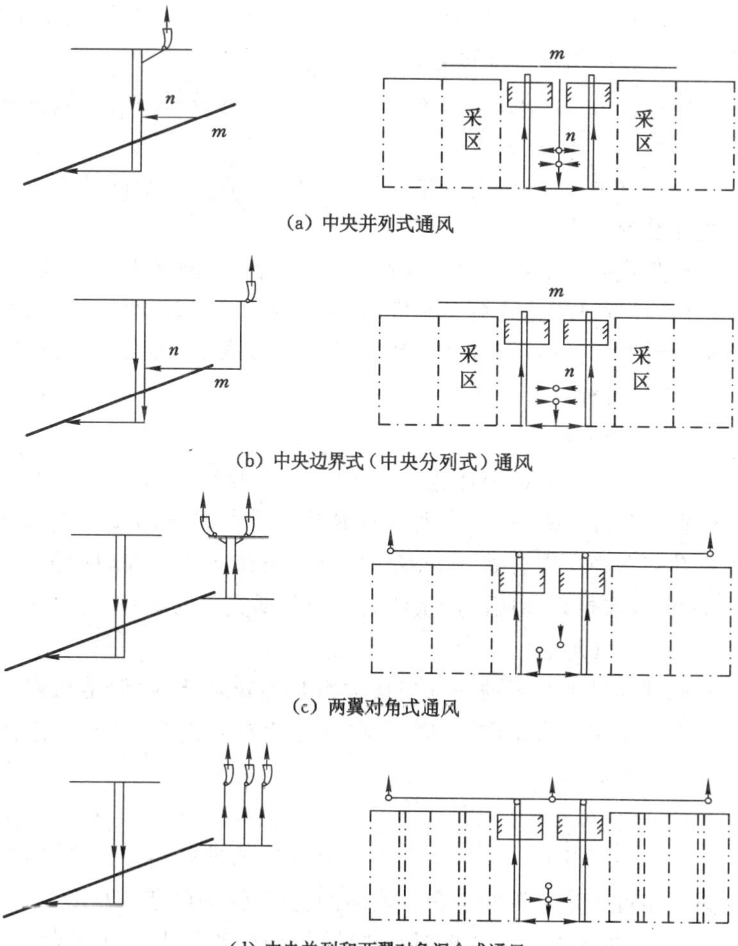

(a) 中央并列式通风

(b) 中央边界式（中央分列式）通风

(c) 两翼对角式通风

(d) 中央并列和两翼对角混合式通风

图 7-2　矿井通风方式

（二）对角式通风

对角式通风分为两翼对角式通风、单翼对角式通风和分区对角式通风三种。

两翼对角式通风：如图 7-2(c)所示，进风井位于井田中央，回风井位于井田两翼上部边界。

单翼对角式通风：进风井在井田一侧，回风井在另一侧的通风系统。

分区对角式通风：进风井位于井田中央，在每个采区的井田上部边界设置一个回风井。

对角式通风虽然基建工程量大，但是可用两翼风井进行施工，投产快，具有风流路线短又无折返、通风阻力小、漏风少、矿井风压稳定的特点。但回风井和所用的主要通风机多，基建费用大，布置分散，不便管理。

（三）混合式通风

混合式通风是以上任意两种通风方式的结合。如中央分列式和两翼对角混合式、中央并列和两翼对角混合式[图 7-2(d)]以及中央并列和中央混合式等。混合式通风方式多用于井田范围大、产量大、煤自然发火倾向严重和有煤与瓦斯突出的矿井。

二、通风网络

矿井通风系统中的井巷连接关系是比较复杂的，但是从连接形式上来说主要有串联、并联、角联和复杂连接形式。不同的连接形式具有不同的通风特性和安全效果。

（一）串联网络

若前一个井巷的出风端和下一个井巷的进风端相接，这样的通风网络称为串联网络。串联网络的特点是：串联巷道越多，通风阻力越大；进风侧发生灾害时将影响回风侧，各段巷道中的风量不能随意变更；下一个井巷的进风端使用前一个井巷出风端的回风。

（二）并联网络

两条或者两条以上的通风井巷进风端在同一点分开，出风端在另外同一点汇合，这样的通风网络称为并联网络。并联网络的特点是：并联的井巷越多，各个井巷分得的风量越少，通风阻力越小;各井巷互不干扰,安全性较好。

（三）角联网络

在两条分路组成的并联系统中,若有一条或一条以上的井巷横跨于两个并联巷道上就构成了角联系统,其网络称为角联网络。只含有一条对角网络的角联网络叫简单角联网络,含有两条或两条以上对角网络的角联网络称为复杂角联网络。角联网络的特点是:在角联网络中,边缘风路的风流稳定;对角风路中的风流不稳定,它在边缘风路风阻的影响下可能正向、反向或者无风。因此,在矿井设计中,应尽量避免角联网络的出现。

三、通风设施

为了保证井下风流按规定的路线、方向流动,使井下各用风地点得到所需风量,必须在井下某些巷道中设置相应的通风设施对风流进行井下控制。这些引导、隔断和控制风流的构筑物称为通风设施,如风门、风桥等。一个矿井通风状况的好坏与通风设施的建造质量、数量、位置和维护等有密切的关系,因此,合理地、高质量地设置通风设施并严格保证其始终处于完好状态是矿井通风与安全管理工作的一项重要任务。

（一）风门

井下凡不允许风流通过但需要行人或行车的巷道,必须安设风门。在行人或者通车不多的地方可以安设普通风门,而在行人或者通车比较频繁的主要运输道上,则应构筑自动风门。图 7-3 为风门和调节风门的表示方式。

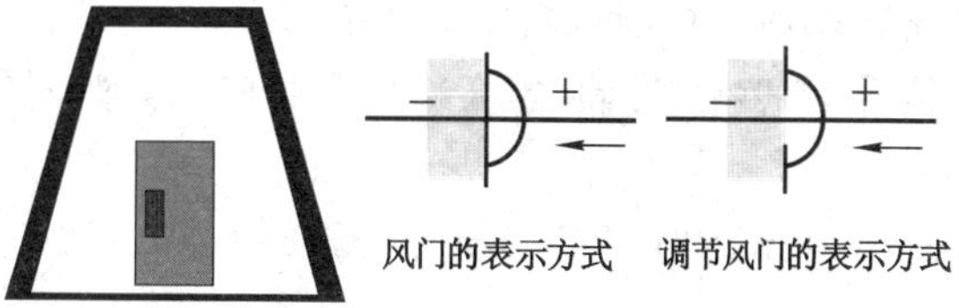

图 7-3　风门和调节风门的表示方式

设置风门的要求包括以下几个方面。

(1) 每组风门不少于两道,通车风门间距不小于一列车长度,行人风门间距不小于5 m。进、回风巷道之间需要设风门处应同时设反向风门,其数量不少于两道。

(2) 风门能自动关闭;通车风门实现自动化,矿井总回风和采区回风系统的风门要装有闭锁装置;风门不能同时敞开(包括反向风门)。

(3) 门框要包边沿口,有垫衬,四周接触严密,门扇平整不漏风,门扇与门框不歪扭。门轴与门框向关门方向倾斜80°~85°。

(4) 风门墙垛要用不燃材料建筑,厚度不小于0.5 m,严密不漏风;墙垛周边要掏槽,见硬顶、硬帮且与煤岩接实;墙垛平整,无裂缝、重缝和空缝。

(5) 风门水沟要设反水池或挡风帘,通车风门要设底坎,电管路孔要堵严;风门前后各5 m内巷道支护良好,无杂物、积水、淤泥。

(二) 风墙

风墙一般称作密闭,它是隔断风流程度较高的一种通风设施。凡是不运输、不行人,又需要隔断风流的地方都应设风墙。根据服务年限的不同,可分为临时密闭和永久密闭两类。

临时密闭:由于服务年限短,常用木板、木段等修筑,并用黄泥、石灰抹面。

永久密闭:需要使用不燃材料,如砖、料石、水泥等构筑。

永久密闭的质量标准包括以下几个方面。

(1) 使用不燃性材料建筑,严密不漏风,墙体厚度不小于0.5 m。

(2) 密闭前无瓦斯积聚;5 m内无杂物、冒顶、片帮、积水和淤泥。

(3) 密闭与周边要掏槽,见硬底、硬帮且与煤岩接实,要抹不少于 0.1 m 的裙边。

(4) 根据出水情况设置观测孔、放水孔和措施孔。

(5) 密闭前要设置栅栏、揭示警标、说明牌板和检查箱。

(6) 墙面平整,无裂缝、重缝和空缝。

(三) 风桥、测风站、防爆门(盖)

1. 风桥

在进风和回风平面相遇的地点必须设置风桥,构成立体交叉风路,使进风和回风能够分开,互不相混。服务年限长,通过风量大于 20 m^3/s 的风桥,要用图 7-4(a)中的绕道式风桥,绕道须开掘在岩石中;服务年限长,通过风量为 10～20 m^3/s 的风桥,要用图 7-4(b)中的混凝土或料石风桥;服务年限短,通过风量小于 10 m^3/s 的风桥,要用图 7-4(c)中的临时风桥。

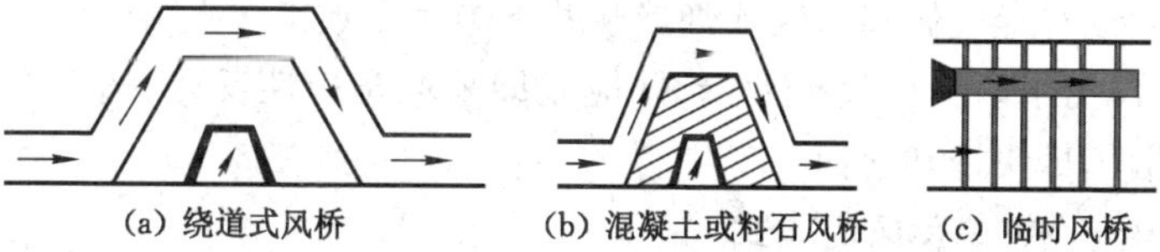

图 7-4 风桥

2. 测风站

对构筑测风站有以下几点要求。

(1) 主要进回风道(矿井总进、回风道,一翼进、回风大巷,水平进、回风巷道,采区进、回风巷道)都应设置固定测风站。

(2) 测风站必须设置在平直巷道内。测风站长度不得小于 4 m,前后 10 m 内巷道不得有分叉、拐弯,不得有障碍物,巷道断面应无变化。

(3) 在料石砌碹的巷道中,可按照上述要求选择一段巷道作为测风站。

(4) 在光爆锚喷、锚杆支护或裸体巷道中,应砌碹构筑测风站，或者使用水泥砂浆将测风站四周抹平，并保证测风站的断面与前后巷道的断面相同。

3. 防爆门(盖)

防爆门(盖)是防止矿井发生瓦斯、煤尘爆炸时毁坏风机，而在回风井井口上构筑的一种安全设施。当井下发生瓦斯爆炸时，防爆门被气浪冲开，冲击波直接从该处冲出，从而保护风机。当主要通风机停止运转时，打开防爆门还可以使矿井保持自然通风。

第四节　矿井反风

当矿井的进风井井口、井筒、井底车场(包括井底主要硐室)和与井底车场直接相通的大巷(如中央石门、运输大巷)发生火灾，产生大量有毒气体和高温浓烟威胁井下绝大多数工作人员的生命安全时，为了防止事故扩大，矿井应立即采取全矿性反风，把有毒有害烟气尽快排到地面。

一、矿井反风的方式

矿井反风的方式主要有全矿性反风、区域性反风和局部性反风三种方式。

(1) 全矿性反风。实现全矿总进、回风井及采区主要进、回风巷的风流全面反风的反风方式，叫作全矿性反风。

(2) 区域性反风。在多进风井、多回风井的矿井一翼(或某一独立通风系统)进风大巷中发生火灾时，调节一个或几个主要通风机的反风设施，可实现矿井部分地区内的风流反向的反风方式，叫作区域性反风。

(3) 局部性反风。当采区内发生火灾时，矿井主要通风机保持正常运行，通过调整采区内预设风门的开关状态，实现采区内部分巷道风流的反向，把火灾烟流直接引向回风道的反风方式，叫作局部性反风。

二、矿井反风的规定

《煤矿安全规程》第一百五十九条规定，生产矿井主要通风机必须装有反风设施，并能在 10 min 内改变巷道中的风流方向；当风流方向改变后，主要通风机的供给风量不应小于正常供风量的 40%。每季度应当至少检查 1 次反风设施，每年应当进行 1 次反风演习；矿井通风系统有较大变化时，应当进行 1 次反风演习。

《煤矿安全规程》第七百一十二条规定，处理进风井井口、井筒、井底车场、主要进风巷和硐室火灾时，应当进行全矿井反风。反风前，必须将火源进风侧的人员撤出，并采取阻止火灾蔓延的措施。多台主要通风机联合通风的矿井反风时，要保证非事故区域的主要通风机先反风，事故区域的主要通风机后反风。采取风流短路措施时，必须将受影响区域内的人员全部撤出。

第五节 掘进通风

掘进巷道必须采用矿井全风压通风或局部通风机通风。煤巷、半煤岩巷和有瓦斯涌出的岩巷的掘进通风方式应采用压入式，不得采用抽出式（压气、水力引射器不受此限制）；如果采用混合式，必须制定安全技术措施。

一、全风压通风

矿井总风压通风是利用矿井主要通风机的风压对掘进工作面的通风，故在抽出式通风矿井中被称为矿井全风压通风。这种通风方法不需增设通风动力设备，直接利用矿井主要通风机造成的风压对掘进巷道和工作面进行通风。为了将新鲜风流引入工作面并排出污风，必须采用挡风墙、风障和风筒等导风设施。全风压通风法的最大优点是安全可靠、管理方便，但要有足够的风压以克服导风设施的阻力，否则不予采用。

（一）利用风墙导风

根据构筑材料的不同，风墙分为砖风墙、石风墙、木板风墙以及帆布、塑料等柔性的风障。其中，柔性的风障漏风较大，只适用于掘进距离短的巷道导风；砖风墙、石风墙漏风小，导风距离可超过 500 m。如图 7-5(a)所示，1 为纵向风墙，2 为带有调节窗的调节风门，以便行人通过和调节风量。

（二）利用风筒导风

如图 7-5(b)所示，采用风筒导风需要设置风墙 1，墙上开有风窗和调节风门 2。此种方法辅助工程量小，风筒安装、拆卸比较方便，通常用于需风量不大的短巷掘进通风。

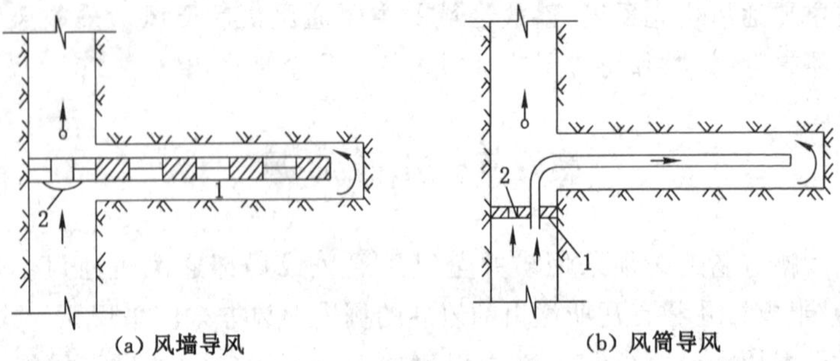

图 7-5　风墙导风和风筒导风

（三）利用平行巷道导风

在掘进主巷的同时，在附近(10～20 m)与其平行掘一条配风巷，每隔一定距离在主、配巷间开掘联络巷，形成贯穿风流，当新的联络巷连通后，旧联络巷即封闭。两条平行巷道的独头部分可用风障或风筒导风，巷道的其余部分用主巷进风、配巷回风。此方法常用于煤巷掘进，尤其是在厚煤层的采区巷道掘进中，运输、通风等需要开掘双巷时。此法也常用于解决长巷掘进独头通风的困难。

二、局部通风机通风

当全风压不能满足掘进通风的要求时，必须借助专门的动力设备对掘进巷道进行局部通风。利用局部通风机通风是矿井广泛采用的掘进通风方法。

（一）通风方式

按照通风机工作方式不同，可分为压入式通风、抽出式通风和混合式通风三种，如图 7-6 所示。

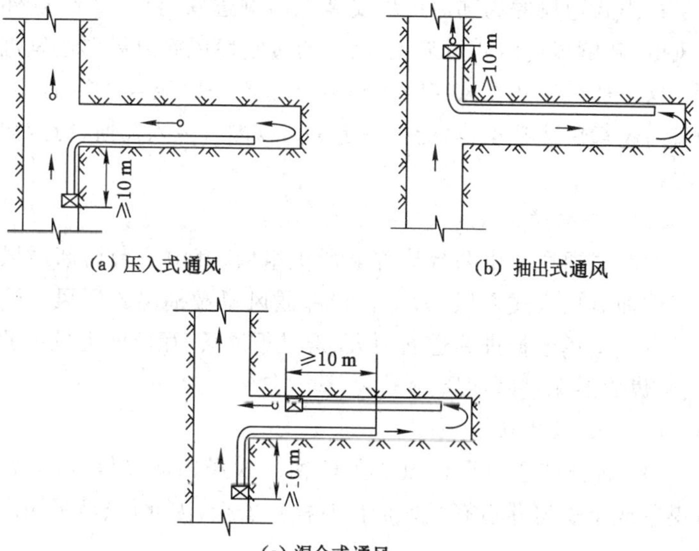

(a) 压入式通风　(b) 抽出式通风　(c) 混合式通风

图 7-6　局部通风示意图

1. 压入式通风

压入式通风的局部通风机和启动装置必须安装在离掘进巷道口 10 m 以外的进风侧，局部通风机把新鲜风流经风筒压送到掘进工作面，污风沿巷道排出。压入式通风的风流从风筒末端以自由射流的形式射向工作面，其风流的有效射程较长，一般可达

7～8 m,对冲淡掘进工作面的瓦斯、粉尘、炮烟效果较好。

应当注意的是,从风筒口到工作面的距离,以及混合式通风的局部通风机和风筒的安设,应在作业规程中明确规定,并保证工作面有足够的风量。为防止局部通风机产生循环风流,局部通风机的吸风量必须小于所在巷道全风压供给该处的风量,一般小于70%。

2. 抽出式通风

抽出式通风的局部通风机安装在离掘进巷道口10 m以外的出风侧,新鲜风流沿巷道流入,污风通过刚性风筒由局部通风机排出。这种通风方式在风筒吸入口附近形成一股流入风筒的风流,离风筒越远风速越小,只能在一定距离以内有吸入瓦斯、粉尘和炮烟的作用。

3. 混合式通风

混合式通风是由两台局部通风机组成,其中一台局部通风机向工作面做压入式通风,另一台局部通风机做抽出式通风。这种通风方法适用于掘进巷道断面大、送风距离长、瓦斯涌出量小的岩巷、半煤岩巷掘进时通风。

(二) 通风特点

(1) 抽出式通风因污风流须经抽出式局部通风机,所以在掘进煤巷或半煤岩巷道有瓦斯涌出时极不安全,因此,只准采用压入式通风。

(2) 压入式通风的有效射程较抽出式通风的有效吸程大,所以压入式通风较抽出式通风能力强。抽出式通风只有缩短吸风口至工作面距离才有价值,否则通风效果较差。

(3) 压入式通风时,污风充满巷道,劳动卫生条件差,通风排烟时间长;而抽出式通风则相反,巷道处于新鲜风流中,劳动卫生条件好,通风时间短。

(4) 压入式通风使用廉价、轻便的柔性风筒,抽出式通风只能使用价格昂贵的刚性风筒。

(5) 压入式通风的风筒漏风对稀释巷道中的瓦斯及其他有害气体是有益的,而抽出式通风风筒的漏风会被排出,从而导致工作面风量减小。

(6) 混合式通风兼有压入式和抽出式通风的优点,通风能力强、效果好,是解决抽出式通风时炮烟停滞问题的有效途径。

第八章　矿井瓦斯防治

第一节　矿井瓦斯等级及等级鉴定

《煤矿安全规程》第一百六十九条规定，一个矿井中只要有一个煤（岩）层发现瓦斯，该矿井即为瓦斯矿井。瓦斯矿井必须依照矿井瓦斯等级进行管理。

根据矿井相对瓦斯涌出量、矿井绝对瓦斯涌出量、工作面绝对瓦斯涌出量和瓦斯涌出形式，矿井瓦斯等级划分为：

（1）低瓦斯矿井。同时满足下列条件的为低瓦斯矿井：

① 矿井相对瓦斯涌出量不大于 10 m^3/t；

② 矿井绝对瓦斯涌出量不大于 40 m^3/min；

③ 矿井任一掘进工作面绝对瓦斯涌出量不大于 3 m^3/min；

④ 矿井任一采煤工作面绝对瓦斯涌出量不大于 5 m^3/min。

（2）高瓦斯矿井。具备下列条件之一的为高瓦斯矿井：

① 矿井相对瓦斯涌出量大于 10 m^3/t；

② 矿井绝对瓦斯涌出量大于 40 m^3/min；

③ 矿井任一掘进工作面绝对瓦斯涌出量大于 3 m^3/min；

④ 矿井任一采煤工作面绝对瓦斯涌出量大于 5 m^3/min。

（3）突出矿井。

第二节　瓦斯抽采系统

一、瓦斯抽采的目的和意义

对于单纯采用通风的方法难以把工作面的瓦斯浓度控制在允许的范围内的高瓦斯矿井，应采取瓦斯抽采的方式来控制井下瓦斯，使瓦斯在控制范围之内，从而减小因瓦斯控制而造成的安全生产压力。

二、瓦斯抽采的条件

《煤矿安全规程》第一百八十一条规定，有下列情况之一的矿井，必须建立地面永久抽采瓦斯系统或者井下临时抽采瓦斯系统。

(1) 任一采煤工作面的瓦斯涌出量大于 5 m^3/min 或者任一掘进工作面瓦斯涌出量大于 3 m^3/min，用通风方法解决瓦斯问题不合理的。

(2) 矿井绝对瓦斯涌出量达到下列条件的：

① 大于或者等于 40 m^3/min；

② 年产量 1.0～1.5 Mt 的矿井，大于 30 m^3/min；

③ 年产量 0.6～1.0 Mt 的矿井，大于 25 m^3/min；

④ 年产量 0.4～0.6 Mt 的矿井，大于 20 m^3/min；

⑤ 年产量小于或者等于 0.4 Mt 的矿井，大于 15 m^3/min。

(3) 突出矿井必须建立地面永久抽采瓦斯系统。

三、瓦斯抽采方法

瓦斯抽采有多种方法。按抽出瓦斯来源不同，瓦斯抽采可分为开采煤层瓦斯抽采、邻近层瓦斯抽采和采空区瓦斯抽采。按抽采时间顺序不同，瓦斯抽采可分为采(掘)前预抽瓦斯、边采(掘)边抽和采后抽采。按抽采工程施工方法不同，瓦斯抽采可分为钻孔抽采、巷道抽采以及巷道与钻孔综合抽采。按抽采的机理不同，瓦斯抽采可分为未卸压抽采和卸压抽采。瓦斯抽采方法的选择必须根据矿井瓦斯涌出来源、煤层地质条件、瓦斯赋存条件、抽采瓦斯目的以及开采技术条件等因素来确定。

(一) 开采煤层的瓦斯抽采

开采煤层的瓦斯抽采,是在煤层开采之前或采掘的同时,用钻孔或巷道进行该煤层瓦斯的抽采工作。煤层回采前的抽采属于未卸压抽采,在受到采掘工作面影响范围内的抽采属于卸压抽采。具体方法如下。

1. 未卸压的钻孔抽采

本法适用于透气系数较大的任何地质条件下的预抽开采煤层的瓦斯。按钻孔与煤层的关系不同,未卸压的钻孔抽采可分为穿层钻孔抽采和沿层钻孔抽采;按钻孔角度不同,未卸压的钻孔抽采可分为上向孔抽采、下向孔抽采和水平孔抽采。我国多采用穿层上向钻孔抽采。

2. 卸压的钻孔抽采

煤层在回采和掘进巷道时,在采动的影响下引起围岩应力的重新分布,形成卸压区和应力集中区。在卸压区内,煤层膨胀变形,透气系数大大增加,如果在这个区域内打钻抽采瓦斯,就可以提高抽出量,并阻截瓦斯流向工作空间,这种抽采即随采随抽和随掘随抽。

3. 人工增加煤层透气系数抽采

对于透气性差的煤层,提高煤层透气性是增大瓦斯抽采量的关键因素。提高透气性的措施包括水力压裂、水力破裂、水力割缝、深孔爆破、酸液处理和交叉钻孔等。

(二) 邻近层的瓦斯抽采

开采煤层群时,回采煤层围岩将发生冒落、移动、龟裂和卸压,透气系数增加。回采煤层附近煤岩层瓦斯能向回采煤层的采空区运移。这种能向开采煤层采空区涌出瓦斯的煤层,就叫邻近层。邻近层的瓦斯抽采,是预先从开采煤层或围岩大巷内向邻近层打钻,或者是在有瓦斯赋存的邻近层内预先掘进抽采瓦斯的巷道,将邻近层涌出的瓦斯汇集抽出。前者称为钻孔法,后者称为巷道法。

（三）采空区抽采

采煤工作面的采空区或老空区积存大量瓦斯时,如果被漏风带入生产巷道或工作面,就会造成回风流中的瓦斯超限而影响安全生产。为解决此问题,必须对采空区涌出的瓦斯进行抽采。采空区抽采前应将有关的密闭整修加固,减少漏风。对有自燃危险的煤层,必须经常检查抽出的瓦斯成分,一旦发现煤炭自燃征兆,应立即停止抽采,采取防止自燃的措施。

四、瓦斯抽采系统

矿井瓦斯抽采系统由瓦斯泵、抽采管路、安全装置、瓦斯罐、检测仪表等组成。

（一）瓦斯泵

瓦斯泵是抽采瓦斯的动力设施,我国煤矿抽采瓦斯通常采用两种类型的瓦斯泵,即水环式真空泵和高压离心式鼓风机。前者负压高、流量小,适用于抽出量不大、要求抽采负压高的矿井。后者排气量大、负压低,适用于大管径、大流量的抽采。水环式真空泵的安全性好,加上一般矿井都要求较高的抽采负压,所以使用较广泛。

（二）抽采管路

抽采管路连接各个抽采钻孔,汇集瓦斯后将其输送至瓦斯抽采泵,组成抽采系统。抽采管路一般分为主管、干管和支管。瓦斯抽采管路的布置由矿井巷道布置而定,应尽量将抽采管路设于回风道,避免管路损坏时瓦斯大量涌出而影响矿井安全。在瓦斯抽采管路的主管、干管及支管上要安装控制阀门及流量计等。

（三）安全装置

抽采管路中应有防堵塞和防爆炸的安全装置,通常采用放水器、防回火网和水封式防爆防回火装置、放空管和避雷器等。

1. 放水器

为了防止抽采管路堵塞，必须及时放出瓦斯管道内的积水，在井下和地面瓦斯管路的下弯处安装放水器。放水器有人工放水器和自动放水器两种。

2. 防回火网

防回火网是由数层导热性能好而且不易生锈的铜丝网构成，装在地面泵站附近的管道内。它的作用是：一旦泵站附近发生瓦斯燃烧或爆炸事故，火焰与铜丝网接触，由于铜丝网的散热作用和网孔对链式反应的破坏作用，使火焰被阻止隔绝而不钻透铜丝网。

3. 水封式防爆防回火装置

该装置的作用原理是：在正常抽采时，瓦斯通过水封后被抽出，一旦发生瓦斯爆炸或瓦斯燃烧，火焰被水隔断，爆炸波由防爆盖冲出释放，使抽采系统得到保护。

4. 放空管和避雷器

瓦斯泵进口和出口应设放空管。当瓦斯泵因故停抽时，井下自然涌出的瓦斯由进口端放空管排出。为了安全，放空管应高出瓦斯泵房 3 m 以上。为了避免雷击引燃放空管瓦斯，放空管顶部及周围建筑物顶部应设避雷针。

（四）瓦斯罐

瓦斯罐是设在地面的用于储存瓦斯的设备，还可以保持输出瓦斯管路中有一定的压力并起到压力平衡的作用，避免在输送瓦斯的过程中因压力不稳定或间断而发生事故。

（五）检测仪表

瓦斯抽采系统中，必须有检测抽采管道内瓦斯浓度、流量、压力等参数的仪表或自动监测系统。《煤矿安全规程》第一百八十四条规定，采用干式抽采瓦斯设备时，抽采瓦斯浓度不得低于 25%；抽采的瓦斯浓度低于 30%时，不得作为燃气直接燃烧。

第九章　矿井瓦斯的检查与管理

第一节　瓦斯检查方法

矿井空气中的瓦斯浓度,受通风、采掘、气压等因素的影响而经常发生变化。及时准确地检查瓦斯浓度、搞好瓦斯管理,对于了解和掌握瓦斯的涌出情况,防止瓦斯积聚和瓦斯事故发生是很重要的。瓦斯检查与管理是矿井通风管理的一项重要内容,也是保证矿井安全生产和防止重特大事故发生的关键环节。

矿井瓦斯检查方法是瓦斯检查工必须熟练掌握的基本技能。选用正确的测定方法,准确地检查瓦斯浓度,准确掌握煤矿井下不同地点、不同时间的瓦斯涌出情况,以便进行风量合理的分配与调节,从而达到安全、经济、合理通风。

一、巷道风流瓦斯检查方法

(一) 巷道风流

巷道风流,是指距巷道的顶板、底板和两帮有一定距离的巷道空间的风流。在设有各类支架的巷道中,巷道风流是距支架和巷道底板各 50 mm 的巷道空间的风流;在不设支架或用锚喷、砌碹支护的巷道中,巷道风流是距巷道的顶板、底板和两帮各为 200 mm 的巷道空间的风流。如图 9-1 所示。

(二) 瓦斯检查方法

测定巷道风流瓦斯和二氧化碳浓度时应该在巷道空间风流中进行。

(1) 当测定地点风流速度较大时,无论是测定瓦斯还是二氧

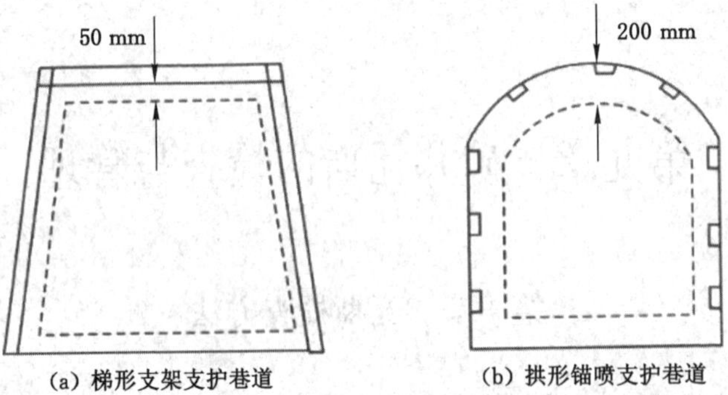

图 9-1 巷道风流

化碳，仪器进气管口都应位于巷道中心点风速最大的部位采气测定，连测 3 次，取其平均值。

(2) 当测定地点风流速度较小时，仪器进气管口都应根据不同气体的密度大小确定采气位置。测定瓦斯等密度较小的气体时，在巷道断面上 1/5 处采气测定，连测 3 次，取其平均值。测定二氧化碳、硫化氢等密度较大的气体时，在巷道断面下 1/5 处采气测定，连测 3 次，取其平均值。

(三) 注意事项

(1) 测定矿井总回风或一翼回风中的瓦斯或二氧化碳浓度时，应在矿井总回风或一翼回风的测风站内进行。

(2) 测定采区回风中的瓦斯或二氧化碳浓度时，应在采区所有回风流汇合稳定的风流中进行，其测定部位和操作方法与在巷道风流中进行的测定相同。

(3) 测定位置应尽量避开巷道内材料堆放或冒矸等杂物造成巷道断面的阻塞而引起风速变化大的区域。

(4) 注意自身安全，防止冒顶、片帮、运输等事故伤害。

二、采煤工作面瓦斯检查方法

（一）采煤工作面风流与采煤工作面回风流

采煤工作面风流是指距煤壁、顶板（岩石、煤或假顶）、底板、两帮（煤、岩石或充填材料）各 200 mm（小于 1 m 厚的薄煤层采煤工作面距顶板、底板各为 100 mm）和以采空区的切顶线为界的采煤工作面空间内的风流。采用充填法处理顶板时，采空区一侧应以挡杆、砂帘为界。采煤工作面上隅角以及一段未放顶的巷道空间至煤壁线的范围内的空间风流，都按采煤工作面风流处理。

采煤工作面回风流是指从煤壁线开始到采区总回风范围内，锚喷、锚网索等支护距煤壁、顶板、底板各 200 mm 的空间范围内的风流，支架支护时距棚梁、棚腿 50 mm 的巷道空间范围内的风流。

（二）瓦斯检查方法

1. 测点确定

采煤工作面瓦斯测点的确定，以能准确反映该区域的瓦斯情况为准则。在风流垂直面上选取测定部位和测定方法与在巷道风流进行测定时的测定部位和方法相同。沿风流测点位置的选取如图 9-2 所示。采煤工作面回风流中的瓦斯浓度测点位置应选在距采煤工作面煤壁线 10 m 以外的采煤工作面的回风流中风流充分汇合稳定处。

如图 9-2 所示，测点的数量应根据采煤工作面的通风状况和矿井的瓦斯等级适当选取。通风良好的低瓦斯矿井可适当减少测点数，仅选⑦、⑩、⑪、⑬四处测点即可。

2. 测定步骤

应由进风侧或回风侧开始，逐段检查。检查瓦斯浓度和检查局部瓦斯积聚同时进行，并注意测取温度。

检测工作面瓦斯浓度时，在巷道风流断面上 1/5 处采气；测二氧化碳浓度时，在巷道风流断面下 1/5 处采气。测点应选择正确，逐段进行，不能遗漏。每个测点连测 3 次，取其最大值作为测定结

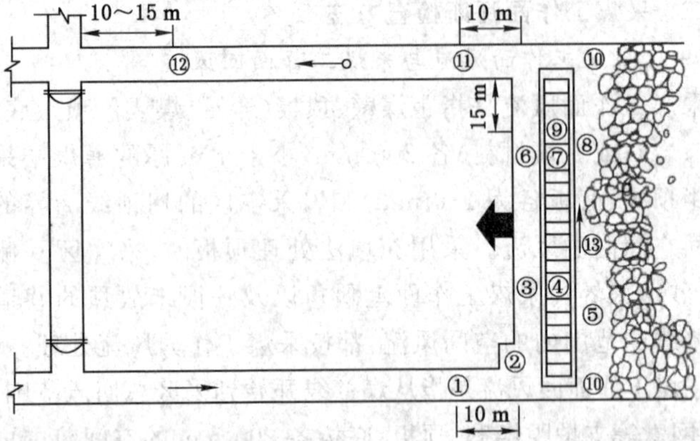

①—距采煤工作面＞10 m 处进风流中的测点；②—采煤工作面前切口测点；③、④、⑤—采煤工作面前半部的煤壁侧、输送机槽（或机架前）和采空区侧（或后部输送机）测点；⑥、⑦、⑧—采煤工作面后半部煤壁侧、输送机槽（或机架前）和采空区侧（或后部输送机）测点；⑨—输送机槽中央距回风巷口 15 m 处风流中的测点（只测空气温度）；⑩—采煤工作面上隅角测点；⑪—距采煤工作面＞10 m 处回风流中的测点；⑫—采煤工作面回风流进入采区回风巷前 10～15 m 处风流中的测点。

图 9-2　采煤工作面测点选取

果和处理依据。应准确清晰地将测定结果分别记入瓦斯检查班报手册和检查地点记录牌板上，并通知现场工作人员。

（三）注意事项

（1）初次放顶前的采空区瓦斯应选点测定，以便对采空区的瓦斯做到心中有数。

（2）重点检查采煤工作面上、下隅角瓦斯浓度。此处为采煤工作面的通风死角，易造成瓦斯积聚。

（3）准确掌握《煤矿安全规程》对井下不同地点瓦斯浓度的规定及要求措施，发现瓦斯或二氧化碳浓度超限等隐患时，必须立即向有关领导和矿调度室汇报，并采取相应的措施处理。

(4) 在检查时还应注意通风及其设施是否有问题,发现问题应及时汇报。

(5) 在工作中一定要注意自身安全,应尽可能选在顶板完整、支护完好的地点检测。

三、掘进工作面瓦斯检查方法

(一) 掘进工作面风流及回风流

掘进工作面风流,是指掘进工作面迎头到风筒出风口这一段巷道空间的风流。掘进工作面回风流,是指自风筒出风口到掘进巷道口这一段距离的巷道空间风流。

(二) 瓦斯检查方法

掘进工作面风流中瓦斯检查测定位置应选在巷道断面上部左右角距顶、帮、迎头各 200 mm 处;二氧化碳检查测定位置应选在工作面巷道断面下部左右角距底、帮、迎头各 200 mm 处。其测定方法同巷道风流中的测定方法,连测 3 次,取其最大值作为测定结果和处理依据。

1. 测点布置

掘进工作面回风流中瓦斯和二氧化碳浓度的检查测定地点,要根据掘进巷道布置情况和通风方式确定。

(1) 单巷掘进采用压入式通风时,测点布置如图 9-3 所示。回风流测点位置应在回风流中,即风筒出风口 10 m 外风流汇合稳定处测定。连测 3 次,取其最大值作为测定结果和处理依据。

(2) 单巷掘进采用混合式通风时,测点布置如图 9-4 所示。应在回风流中①、②、③处测定,连测 3 次,取其最大值作为测定结果和处理依据。

(3) 双巷掘进采用压入式通风时,测点布置如图 9-5 所示。应在回风流中风流汇合稳定处测定,连测 3 次,取其最大值作为测定结果和处理依据。

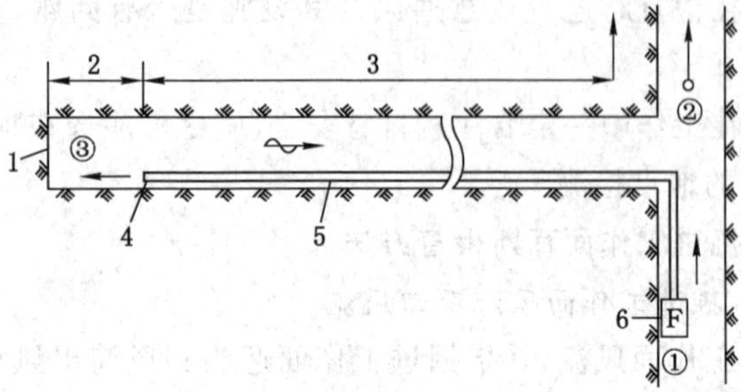

1—掘进工作面；2—掘进工作面风流；3—掘进工作面回风流；
4—风筒出风口；5—风筒；6—压入式局部通风机；
①—掘进工作面进风流测点；②—掘进工作面回风流测点；
③—掘进工作面风流测点。

图 9-3　单巷掘进压入式通风测点布置

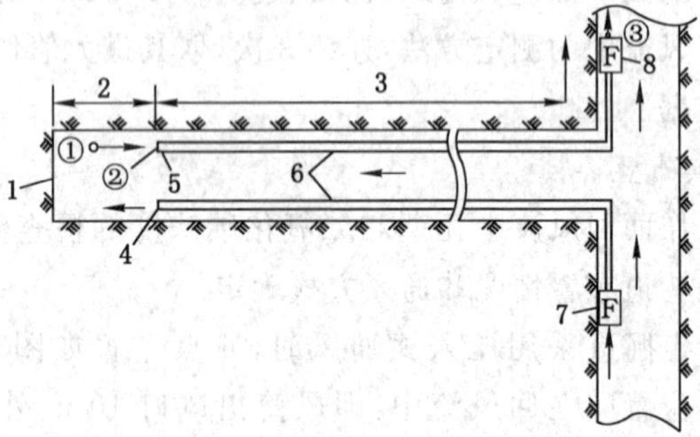

1—掘进工作面；2—掘进工作面风流；3—掘进工作面回风流；4—风筒出风口；
5—风筒进风口；6—风筒；7—压入式局部通风机；8—抽出式局部通风机；
①—掘进工作面进风流测点；②、③—掘进工作面回风流测点及高冒区测点。

图 9-4　单巷掘进混合式通风测点布置

2. 注意事项

(1) 测定工作应由外向里依次进行，当瓦斯浓度超过 3%或其他有害气体浓度超过规定时，立即停止前进或退到进风流中，及时

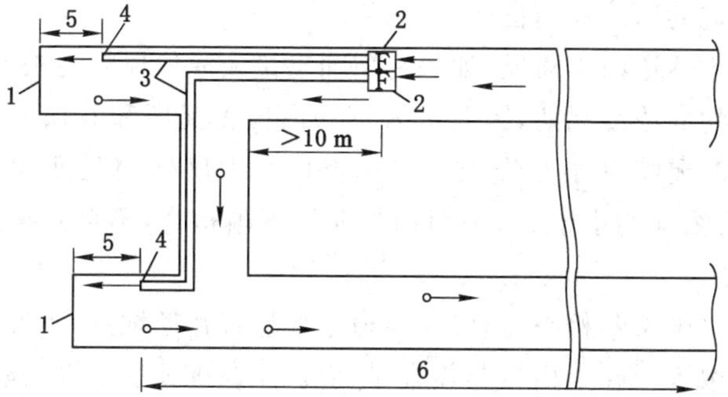

1—掘进工作面；2—压入式局部通风机；3—风筒；4—风筒出风口；
5—掘进工作面风流；6—掘进工作面回风流。

图 9-5　双巷掘进压入式通风测点布置

向值班人员汇报并通知有关人员和部门立即处理。

(2) 检查局部通风机安设位置是否符合规定，是否有循环风及是否有专人挂牌管理。

(3) 在检查风流瓦斯的同时，还必须注意检查有无局部瓦斯积聚。

(4) 检查风筒出风口距工作面迎头距离及风量是否符合作业规程的规定，风筒吊挂和安设质量，风筒有无破口等隐患存在。

(5) 检查甲烷传感器或断电仪安设是否符合规定，是否运行正常。

(6) 上山掘进重点检查瓦斯浓度，下山掘进重点检查二氧化碳浓度。

(7) 注意自身安全，防止爆破、运输、冒顶及炮烟中毒等事故伤害。

四、盲巷瓦斯检查方法

(一) 盲巷概念及瓦斯检查方法

凡长度超过 6 m，不通风或通风不良的独头巷道(包括临时停风的掘进巷),统称为盲巷。

由于巷道内不通风,如果瓦斯涌出量大或停风时间长,便会积聚大量的高浓度瓦斯,因此进入盲巷内检查瓦斯和其他有害气体的浓度时要特别小心谨慎。先检查盲巷入口处的瓦斯和二氧化碳,若其浓度均小于3%方可由外向里逐渐检查,不可直接进入盲巷检查。

在水平盲巷检查时,应在巷道上部检查瓦斯浓度,下部检查二氧化碳浓度。在上山盲巷检查时,应重点检查瓦斯浓度,检查要由下而上直至顶板,当瓦斯浓度达到3%时必须立即停止前进。在下山盲巷检查时,应重点检查二氧化碳浓度,检查要由上而下直到底板,当二氧化碳浓度达到3%时必须立即停止前进。

(二)注意事项

(1)检查工作必须由专职瓦斯检查工负责。工作前要首先检查自己的矿灯、自救器、瓦斯检定器等,确认完好、可靠后方可开始工作。在工作过程中,要精神集中、谨慎小心,不可造成撞击"火花"等隐患。

(2)盲巷入口处或盲巷内一段距离处的瓦斯或二氧化碳浓度达到3%,或其他有害气体浓度超过《煤矿安全规程》的规定时,必须立即停止前进,及时汇报值班人员并通知有关人员和部门立即处理。

(3)检查临时停风时间较短、瓦斯涌出量不大的盲巷内的瓦斯和其他有害气体浓度时,可以由瓦斯检查工或其他专业检查人员一人进入检查;检查临时停风时间较长、瓦斯涌出量较大的盲巷内的瓦斯和其他有害气体浓度时,最少有两人一起入内检查,两人应拉开一定距离,一前一后边检查边前进。

(4)在检查瓦斯和二氧化碳浓度的同时,还必须检查氧气和其他有害气体浓度。当气体浓度超过规定或有异味等现象时,应停止前进,以防发生中毒或窒息事故。

(5) 检查倾角较大的上山盲巷时,应重点检查瓦斯浓度;检查倾角较大的下山盲巷时,应重点检查二氧化碳浓度。

(6) 检查时应站在顶板两帮及支护较好地点,小心谨慎,严防因碰撞而造成冒落伤人事故。

五、其他地点瓦斯的检查方法

(一) 采掘工作面爆破地点附近 20 m 范围内风流中的瓦斯检查

采掘工作面爆破地点附近 20 m 范围内的风流,即爆破地点沿工作面煤壁方向两端各 20 m 范围内的空间风流,此范围内的瓦斯浓度都应测定。壁式采煤工作面采空区内顶板未冒落时,还应测定切顶线以外(采空区一侧)不少于 1.2 m 范围内的瓦斯浓度。在采空区侧打钻爆破放顶时,也要测定采空区内的瓦斯浓度。测定范围应根据采高、顶板冒落程度、采空区通风条件和瓦斯积聚情况等因素确定,并经矿总工程师批准。

掘进工作面爆破地点 20 m 内的风流,即爆破的迎头向外 20 m 范围内的巷道风流,其瓦斯浓度测定部位和方法与巷道风流相同,但要注意检查测定此范围内盲巷、冒顶区的局部瓦斯积聚情况。

在上述范围内测定瓦斯时,都必须取其最大值作为测定结果和处理依据。

(二) 采掘工作面电动机及其开关附近 20 m 范围内风流中的瓦斯浓度测定

在采掘工作面中,电动机及其开关附近 20 m 范围内的风流,即电动机及其开关所在地点沿工作面风流方向的上风流端和下风流端各 20 m 范围内的巷道风流。

在掘进工作面中,电动机及其开关附近 20 m 以内的风流,即电动机及其开关的上风流端和下风流端各 20 m 范围内的巷道风流。

在测定掘进工作面电动机及其开关附近风流中的瓦斯浓度

时，对上风流端和下风流端各 20 m 范围内风流中的瓦斯浓度都要测定，并取其最大值作为测定结果和处理依据。

(三) 高冒区及其突出孔洞内的瓦斯检查

高冒区由于通风不良，容易积聚瓦斯，突出孔洞未通风时里面也积聚有高浓度瓦斯，检查时要特别小心，防止瓦斯引起窒息事故的发生。

检查瓦斯时，人员不得进入高冒区域突出孔洞内，只能用瓦斯检查杖将长胶管伸到高冒区域突出孔洞内采气测定。由外向里逐渐检查，根据检查结果(瓦斯浓度、积聚瓦斯量)采取相应的措施处理。当瓦斯浓度达到 3%或其他有害气体浓度超过规定时，或瓦斯杖无法伸到里面最高处检查时，则应进行封闭处理，不得留下任何隐患。

(四) 爆破过程中的瓦斯检查

井下爆破是在极其特殊而又恶劣的环境中进行的。爆破时煤岩层中会释放出大量瓦斯，容易造成燃烧或爆炸事故。“一炮三检”制，即每一次爆破都必须在装药前、爆破前、爆破后检查 3 次瓦斯浓度，瓦斯检查工、爆破工、班组长都要检查，并要核对结果。每次检查都要以 3 人中测得的最大值为检测结果和处理依据。具体做法是：装药前检查第一次爆破地点 20 m 范围内的瓦斯浓度，达到 1%时禁止装药；把药装好后、爆破前，检查第二次爆破地点 20 m 范围内的瓦斯浓度，达到 1%时禁止爆破；爆破后至少等 15 min(突出工作面至少等 30 min)，待炮烟吹散后，由瓦斯检查工、爆破工、班组长依次前后相隔 10 m 进入爆破地点，检查瓦斯及爆破效果等情况。

(五) 煤仓、水仓等特殊地点的瓦斯检查

(1) 煤仓、水仓等特殊地点瓦斯检查的测点选定，应以能相对准确反映该区域的瓦斯情况为准则。

(2) 清理水仓前要重点检查二氧化碳和氧气的浓度，以防发生窒息事故。

(3) 煤仓施工时,应同时检查瓦斯和二氧化碳的浓度。

(4) 注意自身安全,防止意外事故发生。

六、采掘工作面和机电硐室空气温度的测定方法

井下空气温度是决定矿井气候条件的重要因素,应给井下人员创造良好的气候条件,保证人员的身体健康和提高劳动生产率。矿井空气温度的测定,使用经过校正的最小分度为 0.5 ℃的温度计,测定时间为 8:00 到 16:00。在其他时间内也要测定,以便掌握温度变化情况。

(一) 采掘工作面空气温度测点的确定

(1) 壁式采煤工作面的空气温度测点,应选在运煤巷道空间中央距回风道口 15 m 处的风流中。采煤工作面串联通风时要分别测定。

(2) 掘进工作面的空气温度测点,应选在距迎头 2 m 的回风流中。

(3) 采掘工作面的空气温度测点不得靠近人体、发热或制冷设备,至少相距 0.5 m。

(二) 机电硐室空气温度测点的确定

机电硐室空气温度的测点,应选在硐室回风口的回风流中。

第二节　矿井瓦斯管理

矿井瓦斯管理是矿井安全生产的一项重要内容,是矿井安全管理的重要组成部分。矿井瓦斯管理工作的好坏,不但影响矿井安全生产的正常进行,还影响矿井的经济和社会效益。矿井瓦斯管理工作与瓦斯检查工的本职工作密切相关。

一、矿井瓦斯管理制度

矿井瓦斯管理制度是矿井瓦斯管理不可缺少的内容,是保证矿井安全生产的基本措施。煤矿井下生产是在极其复杂和恶劣的环境中进行的，如果出现某一个人的行为不规范，就有可能导致事故发生。因此，为使通风与瓦斯管理工作能够得到正常开展、杜绝瓦斯事故的发生，每一个矿井都应根据《煤矿安全规程》的有关规定，结合本矿的实际情况，建立健全矿井瓦斯管理的有关规定和制度。

（一）矿井瓦斯管理制度的主要内容

矿井瓦斯管理制度主要包括：建立健全专业机构、配足检查人员、定期培训和不断提高专业人员技术素质的规定，各级领导和检查人员（包括瓦斯检查工）区域分工巡回检查汇报制度，交接班制度，矿总工程师每天阅签瓦斯日报的规定，盲巷、采空区和密闭启封等有关瓦斯管理的规定，爆破与巷道贯通时的瓦斯管理规定，矿井瓦斯排放的有关规定及瓦斯监控装备的使用、管理的有关规定，矿井瓦斯抽采、防治煤与瓦斯突出的规定。在建立健全规章制度的同时，还应制定相应的奖罚制度，以保证有关规定、制度贯彻落实。

（二）专职瓦斯检查工的配备与要求

《煤矿安全规程》要求，有煤（岩）与瓦斯（二氧化碳）突出危险的采掘工作面，瓦斯或二氧化碳涌出量大、变化异常的个别采掘工作面，都必须配备有专职瓦斯检查工进行经常检查；符合《煤矿安全规程》规定的放顶作业的综采、水采和煤层小于 0.8 m 的保护层的采煤工作面，也必须配备专职瓦斯检查工。

凡是配备专职瓦斯检查工的地点，都是容易发生瓦斯事故的重要的采掘工作面。为此，要求专职瓦斯检查工要有较高的思想和业务素质；遵章守纪，必须在工作面交接班；必须随时进行瓦斯检查工作，不准随意离开工作现场；严格执行“一炮三检”制度和“三人连锁爆破”制度；对采掘工作面内的通风、瓦斯、防尘、防火、防突以及安全监控系统等有关设施、装置，负有维护管理与监督的责任；制止任何人的违章作业或违章指挥；一旦发现临时停风、瓦斯积聚、突出预兆或其他隐患情况时，能够采取有效措施妥善处理。

（三）瓦斯检查的“三对口”

瓦斯检查的“三对口”是指瓦斯检查工在工作中，必须做到井下检查地点的记录板、瓦斯检查工随身携带的检查手册和地面瓦斯台账三者上面填记的有关情况和数据完全一致，不能出现矛盾、不符或遗漏。“三对口”的主要内容包括：检查地点，检查人姓名，检查日期、班次及每次检查的具体时间，检查的瓦斯和二氧化碳浓度、空气温度以及《煤矿安全规程》要求检查的内容。

（四）瓦斯日报审批制度

《煤矿安全规程》第一百八十条规定，通风值班人员必须审阅瓦斯班报，掌握瓦斯变化情况，发现问题，及时处理，并向矿调度室汇报。通风瓦斯日报必须送矿长、矿总工程师审阅，一矿多井的矿必须同时送井长、井技术负责人审阅。对重大的通风、瓦斯问题，应制定措施，进行处理。

（五）煤矿“八种人”入井必须携带便携式甲烷检测报警仪

《煤矿安全规程》第一百八十条规定，矿长、矿总工程师、爆破工、采掘区队长、通风区队长、工程技术人员、班长、流动电钳工等下井时，必须携带便携式甲烷检测报警仪。瓦斯检查工必须携带便携式光学甲烷检测报警仪和便携式甲烷检测报警仪。安全监测工必须携带便携式甲烷检测报警仪。

由于井下的瓦斯检查人员是有限的，不可能在井下所有瓦斯监测点都设置专职检查人员。因此，除了瓦斯检查人员以外，《煤矿安全规程》规定了另外“八种人”下井时，必须携带便携式甲烷检测报警仪，随时检查瓦斯浓度。在瓦斯检查方面，瓦斯检查工、“八种人”、瓦斯检测系统三方面起到互相补充的作用。

二、矿井瓦斯检查制度

(一) 瓦斯检查制度的内容

《煤矿安全规程》第一百八十条规定,矿井必须建立甲烷、二氧化碳和其他有害气体检查制度。

矿井瓦斯检查制度包括以下主要内容。

(1) 每月根据矿井生产部署的工作安排,由通风部门按照《煤矿安全规程》的要求编制矿井瓦斯检查计划图表,其内容应包括瓦斯检查地点、检查次数、巡回检查路线和时间、检查人员的安排等。计划图表报矿总工程师批准后实施。

(2) 瓦斯检查工的配备必须符合《煤矿安全规程》的规定和安全生产的需要。有煤(岩)与瓦斯(二氧化碳)突出危险的采掘工作面,有瓦斯喷出危险的采掘工作面和瓦斯涌出量大、变化异常的采掘工作面,必须有专人经常检查瓦斯,并安设甲烷断电仪。

(3) 瓦斯检查工应掌握一定的通风、瓦斯防治知识和技能,经专门培训、考核合格后,持证上岗。

(4) 瓦斯检查工下井时必须携带便携式光学甲烷检测报警仪和便携式甲烷检测报警仪。仪器必须完好、精度符合要求,同时应备有长度大于 1.5 m 的胶管和瓦斯检查杖、温度计等。

(5) 瓦斯检查工必须严格按瓦斯检查计划图表的要求执行。每次检查的结果必须认真、准确地记入瓦斯检查手册和记录牌上,并通知现场作业人员。瓦斯浓度超过规定时,瓦斯检查工有权责令现场人员停止作业,将人员撤到安全地点,采取措施进行处理。瓦斯检查工处理不了或超过处理权限时,应在瓦斯超限地点的通道入口处设置栅栏、提示警标,并及时向矿调度室报告。

(6) 瓦斯检查工不得发生空班、漏检、少检、假检,应做到井下记录牌板、手册、瓦斯台账“三对口”。

“空班”:指由于当班瓦斯检查工未上班,造成分工区内无人检查瓦斯。

“漏检”:指由于当班瓦斯检查工粗心大意、不负责任或其他原因,没按规定的巡回路线检查,造成分工区域内应检查的地点没检查、有遗漏。

“少检”:指由于当班瓦斯检查工不负责任,没有按规定的次数检查,造成分工区域内的测点检查次数少于规定的检查次数。

“假检”:指瓦斯检查工没有在现场检查瓦斯,而是填写假记录、汇报假情况。

(7) 瓦斯检查工必须严格执行井下交接班制度。

(8) 在有自然发火危险的矿井,必须定期检查一氧化碳浓度和气体温度的变化情况。

(9) 瓦斯检查工每班都必须向通风值班室汇报检查情况。汇报的次数由矿总工程师确定。瓦斯检查工发现问题或隐患时,必须及时汇报。

(10) 任何人检查瓦斯时,都不得进入瓦斯及二氧化碳浓度超过3%的区域,或者其他有害气体浓度超过《煤矿安全规程》规定的区域。如果必须要进入,则必须制定切实可行的安全措施,报矿总工程师批准,并严格按措施的要求执行。

(11) 通风部门的值班人员,必须审阅瓦斯班报,掌握瓦斯变化情况,发现问题及时处理,并向矿调度室汇报。

(12) 通风瓦斯日报,必须送矿长、矿技术负责人审阅。一矿多井的矿,必须同时送矿长、矿技术负责人审阅。对重大的通风、瓦斯问题,应制定措施进行处理。

(二) 瓦斯检查工的交接班制度

为了使瓦斯检查工在交接班时双方当面交接清楚现场情况和明确责任,避免误会,并防止瓦斯检查工迟到、早退或无人接班,避免分工区域出现无人检查、监视的空班状态,保证能及时发现、处理通风瓦斯隐患,矿井必须建立瓦斯检查工井下现场交接班制度。

其主要内容包括以下几个方面。

1. 井下交接班地点

配备有专职瓦斯检查工时，采煤工作面在回风巷入口新鲜风流处交接班，掘进工作面在局部通风机处交接班，其他地点的交接班位置由矿总工程师根据本矿的实际情况确定。

2. 井下交接班时间

瓦斯检查工井下交接班时间由矿总工程师根据本矿的工作制度以及人员入井所需要的时间等因素确定。瓦斯检查工不能提前离开检查地点到交接班地点等候交班。要避免分工区域内出现长时间无人检查、监视通风瓦斯的状况。

3. 井下交接班内容

(1) 分工区域内的通风及通风系统、瓦斯、煤尘、防突、防水、爆破、局部通风和生产状况有无异常，是否需要下一班处理及采取的措施。

(2) 分工区域内的各种通风安全设施、设备是否需要维修、增加或拆除。

(3) 分工区域内发生的各种“一通三防”隐患，当班处理的情况和需要继续处理的内容。

(4) 有关领导交办的工作落实情况和需要请示的问题。

(5) 其他应该交接清楚的工作内容。

4. 交接班要求

要做到上不清下不接。接班人对交班内容了解清楚后，交接班人员都必须在交接班记录本上签字，记录备查。

5. 防止“空岗”

若在交接班时间接班瓦斯检查工未到班，交班瓦斯检查工必须请示值班领导，由值班领导决定是由交班瓦斯检查工继续工作，还是另派瓦斯检查工来接班。无论采取何种方式，都不能中断瓦斯检查工作。

为了防止"空岗"，通风部门值班领导在每班上班前都要详细清点瓦斯检查工人数，发现缺人时必须立即采取替补措施。

（三）《煤矿安全规程》对检查地点和检查次数的规定

1. 矿井瓦斯检查的主要地点

所有采掘工作面、硐室、使用中的机电设备的设置地点、有人员作业的地点都应纳入检查范围。具体地点是：矿井总回风、一翼回风、水平回风、采区回风、采掘工作面及其进回风巷，采煤工作面上隅角、采煤机附近、采煤工作面输送机槽、采煤工作面采空区侧；机电硐室、钻场、密闭、局部通风机及其开关附近，回风流中机械电气设备附近，其他有人员工作的地点。

2. 瓦斯及二氧化碳检查的次数

低瓦斯矿井中每班至少检查 2 次；高瓦斯矿井中每班至少检查 3 次；有煤（岩）与瓦斯突出危险的采掘工作面，有瓦斯喷出危险的采掘工作面和瓦斯涌出量较大、变化异常的采掘工作面，必须有专人经常检查，并安设甲烷断电仪。

采掘工作面二氧化碳浓度应每班至少检查 2 次；有煤（岩）与二氧化碳突出危险的采掘工作面，二氧化碳涌出量较大、变化异常的采掘工作面，必须有专人经常检查二氧化碳浓度。

本班未进行工作的采掘工作面，瓦斯和二氧化碳应每班至少检查 1 次；可能涌出或积聚瓦斯或二氧化碳的硐室和巷道的瓦斯或二氧化碳应每班至少检查 1 次。

井下停风地点栅栏外风流中的瓦斯浓度每天至少检查 1 次，挡风墙外的瓦斯浓度每周至少检查 1 次。

（四）《煤矿安全规程》关于不同地点瓦斯和二氧化碳浓度的规定及超限后的处理要求

第一百七十一条规定，矿井总回风巷或者一翼回风巷中甲烷或者二氧化碳浓度超过 0.75%时，必须立即查明原因，进行处理。

第一百七十二条规定，采区回风巷、采掘工作面回风巷风流中甲烷浓度超过1.0%或二氧化碳浓度超过1.5%时，必须停止工作，撤出人员，采取措施，进行处理。

第一百七十三条规定，采掘工作面及其他作业地点风流中甲烷浓度达到1.0%时，必须停止用电钻打眼；爆破地点附近20 m以内风流中甲烷浓度达到1.0%时，严禁爆破。

采掘工作面及其他作业地点风流中、电动机或其开关安设地点附近20 m以内风流中的甲烷浓度达到1.5%时，必须停止工作，切断电源，撤出人员，进行处理。

采掘工作面及其他巷道内，体积大于0.5 m^3的空间内积聚的甲烷浓度达到2.0%时，附近20 m内必须停止工作，撤出人员，切断电源，进行处理。

对因甲烷浓度超过规定被切断电源的电气设备，必须在甲烷浓度降到1.0%以下时，方可通电开动。

第一百七十四条规定，采掘工作面风流中二氧化碳浓度达到1.5% 时，必须停止工作，撤出人员，查明原因，制定措施，进行处理。

第一百七十五条规定，临时停工的地点，不得停风；否则必须切断电源，设置栅栏、警标，禁止人员进入，并向矿调度室报告。停工区内甲烷或者二氧化碳浓度达到3.0%或者其他有害气体浓度超过本规程第一百三十五条的规定不能立即处理时，必须在24 h内封闭完毕。

第一百六十五条规定，使用局部通风机通风的掘进工作面，不得停风；因检修、停电、故障等原因停风时，必须将人员全部撤至全风压进风流处，切断电源，设置栅栏、警示标志，禁止人员入内。

第一百七十六条规定，局部通风机因故停止运转，在恢复通风前，必须首先检查瓦斯，只有停风区中最高甲烷浓度不超过1.0% 和最高二氧化碳浓度不超过1.5%，且局部通风机及其开关附近10 m以内风流中的甲烷浓度都不超过0.5%时，方可人工开启局部通风机，恢复正常通风。

停风区中甲烷浓度超过 1.0%或者二氧化碳浓度超过 1.5%，最高甲烷浓度和二氧化碳浓度不超过 3.0%时，必须采取安全措施，控制风流排放瓦斯。

停风区中甲烷浓度或者二氧化碳浓度超过 3.0%时，必须制定安全排放瓦斯措施，报矿总工程师批准。

在排放瓦斯过程中，排出的瓦斯与全风压风流混合处的甲烷和二氧化碳浓度均不得超过 1.5%，且混合风流经过的所有巷道内必须停电撤人，其他地点的停电撤人范围应当在措施中明确规定。只有恢复通风的巷道风流中甲烷浓度不超过 1.0%和二氧化碳浓度不超过 1.5%时，方可人工恢复局部通风机供风巷道内电气设备的供电和采区回风系统内的供电。

井下各地点瓦斯超限的规定及处理要求如表 9-1 所示。

表 9-1　井下各地点瓦斯超限的规定及处理要求

序号	地点	超限浓度	处理要求
1	矿井总回风巷或一翼回风巷	超过 0.75%	矿总工查原因处理，并报局总工
2	采区、采掘工作面回风巷	超过 1.0%	停工，由矿总工负责处理
3	采掘工作面，其他作业地点	达到 1.0%	停止电钻打眼
4	掘进工作面	达到 1.5%	停工，断电，处理
5	爆破地点 20 m 范围内	达到 1.0%	禁止爆破
6	采掘工作面电动机附近 20 m 范围内	达到 1.5%	停止运转，断电，处理；降到 1.0%以下时再通电启动
7	井下工作地点局部（0.5 m 以上空间）瓦斯积聚	达到 2.0%	该地点附近 20 m 范围内，必须断电、停工、撤人、处理
8	临时停工掘进工作面（栅栏处）	超过 2.0%	用风流短路法处理

表 9-1(续)

序号	地点	超限浓度	处理要求
9	井下停电后,主要通风机排瓦斯时,主要通风机出风口扩散处	不超过 2.0%	救护队入井测瓦斯
10		不超过 1.0%	通风人员入井测瓦斯
11		不超过 0.75%	其他人员入井
12	采煤工作面尾巷(尾巷栅栏处)	达到 2.5%	停工,由矿总工负责处理
13	采煤工作面间,采、掘工作面间串联通风,被串工作面入口处	达到 0.5%	停工,断电,处理

第三节　排放瓦斯的方法

在煤矿生产中,由于主要通风机、局部通风机停止运转,掘进工作面风筒断开或严重破损,采掘工作面遇构造瓦斯涌出异常,瓦斯突出,过老巷、冒顶区,启封火区等原因,出现瓦斯超限积聚现象时,必须排放瓦斯。在煤矿瓦斯管理中,瓦斯的排放是一项非常重要的工作,也是一项在技术上、操作上、管理上都非常严谨的工作,稍有不慎就可能造成重大伤亡事故,因此需要有一套科学的管理办法。

一、排放瓦斯的安全措施

(1) 计算排放量,预计排放所需时间。

(2) 明确排出的瓦斯与全风压风流混合后的瓦斯浓度,制定控制送入超限地点风量的方法,严禁"一风吹"。

(3) 确定排放瓦斯流经的路线,标明通风设施、电气设备的位置。

(4) 明确撤人范围,指定警戒位置。

(5) 明确停电范围,停电地点及断、复电执行人。

(6) 明确必须检查瓦斯的地点和复电时的瓦斯浓度。

(7) 确定排放瓦斯的负责人和参加人员，以及各自担负的责任。

(8) 图文齐全、清晰，通风设施、机电设备及甲烷传感器等应该上图的，都要准确，不能遗漏。

二、排放瓦斯时的注意事项

(1) 矿井必须有因停电和检修主要通风设备停止运转，或者通风系统遭到破坏以后，恢复通风、排出瓦斯和送电的安全措施。恢复正常通风后，所有受到停风影响的地点，都必须经过通风、瓦斯检查人员检查，证实无危险后，方可恢复工作。所有安装电动机及其开关的地点附近 20 m 的巷道内，都必须检查瓦斯，只有瓦斯浓度符合《煤矿安全规程》相关规定时，方可开启。恢复已封闭的停工区或采掘工作接近这些地点时，必须事先排出其中积聚的瓦斯。排出瓦斯工作必须制定安全技术措施。严禁在停风区或瓦斯超限区域内作业。

(2) 局部通风机因故停止运转，在恢复通风前，必须首先检查瓦斯，只有停风区中最高瓦斯浓度不超过 1% 和最高二氧化碳浓度不超过 1.5%，且符合《煤矿安全规程》规定的开启局部通风机的条件时，方可人工开启局部通风机，恢复正常通风。停风区中瓦斯浓度超过 1% 或二氧化碳浓度超过 1.5%，最高瓦斯浓度和二氧化碳浓度不超过 3% 时，必须采取安全措施，控制风流排放瓦斯。停风区中瓦斯浓度或二氧化碳浓度超过 3% 时，必须制定安全排放瓦斯措施，并报矿技术负责人批准。

(3) 在排放瓦斯过程中，排出的瓦斯与全风压风流混合处的瓦斯和二氧化碳浓度都不得超过 1.5%，且采区回风系统内必须停电撤人，其他地点的停电撤人范围应在措施中明确规定。只有恢复通风的巷道风流中瓦斯浓度不超过 1% 和二氧化碳浓度不超过 1.5% 时，方可人工恢复局部通风机供风巷道内电气设备的供电和采区回风系统内的供电。

三、排放瓦斯时控制风流的方法

为了防止因积聚区瓦斯一次性大量排出而造成瓦斯排放回风侧的瓦斯超限，必须要控制排放瓦斯的风流。

（一）局部通风机直接排放法

当瓦斯积聚时间不长、积聚地点瓦斯量较少、在排放瓦斯线路上瓦斯浓度不超限时，可直接启动局部通风机排放。

（二）变频调速局部通风机直接排放法

在排放瓦斯流经的路线上安设甲烷传感器，并将甲烷传感器与变频调速局部通风机的调速装置连接。当排出的瓦斯超限时，变频调速装置降低局部通风机转速，减少送风量；当排出的瓦斯不超限时，变频调速装置加大送风量，从而保证排出的瓦斯不超限，省时省力，保证安全。

（三）增阻排放法

增阻排放法是指把送风的风筒用绳子捆扎到一定的程度，增加阻力、减少送风量，从而达到控制瓦斯排放量的目的。当瓦斯排放到一定程度时，随着积聚瓦斯浓度的降低，逐渐放开捆扎的绳子，到最后全部放开绳子。

另外，可以在局部通风机进风口处增加阻力，即用一块木板或风筒布在局部通风机进风口处挡住一部分，随着瓦斯的排放逐渐拉开阻挡物，从而控制局部通风机送风量。此法比捆扎风筒法更简单。

（四）风筒接口减风排放法

该方法是指把送风的风筒接口处拉开，而后启动局部通风机，这样可以使部分风从接口处跑掉，减少了送风量，也就减少了瓦斯的排出量。但要检查局部通风机有无循环风，一旦出现循环风，应立即停止局部通风机运转，用阻挡物将局部通风机进风口阻挡一部分，减少局部通风机吸入风量以消除循环风。随积聚瓦斯的不断排放，可根据瓦斯浓度大小，逐渐拉近接口距离，调节进风量，最后达到完全接合接口，恢复正常通风。工作时瓦斯检查工和调风人员一定要密切配合，瓦斯检查工应依瓦斯浓度指挥调风人员调风，做到安全、可靠。

（五）风筒三通调风排放法

该方法是指在风筒全风压侧接三通，使局部通风机出来的部分新鲜风流通过三通进入回风流中，以减少进入瓦斯积聚区域的风量。随着瓦斯的不断排放，可以将通到回风流的三通口用绳子逐渐捆扎以增加进入积聚区的风量，到最后全部把三通口扎死，达到正常通风状态。

（六）逐段通风排放法

该方法是指先用一节短风筒（5 m）与局部通风机连接，排出积聚区巷口的瓦斯，随瓦斯浓度的不断降低，再继续延长风筒，逐渐将积聚区内的瓦斯排出。若发现排出的瓦斯浓度超限，可打开风筒接口调风排放。这样逐段排放瓦斯的方法安全、可靠。

第四节　巷道贯通管理

巷道掘进贯通时，为防止瓦斯事故，必须遵守《煤矿安全规程》的有关规定。

一、巷道贯通前的管理

掘进巷道贯通前，综合机械化掘进巷道在相距 50 m 前、其他巷道在相距 20 m 前，必须停止一个工作面作业，做好调整通风系统的准备工作。

二、巷道贯通时的管理

（1）必须由专人在现场统一指挥。

（2）停掘的工作面必须保持正常通风，设置栅栏及警标。

（3）经常检查风筒的完好状况和工作面及其回风流中的瓦斯

浓度,瓦斯浓度超限时,必须立即处理。

(4) 掘进的工作面每次爆破前,必须派专人和瓦斯检查工共同到停掘的工作面检查工作面及其回风流中的瓦斯浓度。当瓦斯浓度超限时,必须先停止掘进工作面的工作,然后处理瓦斯。只有在两个工作面及其回风流中的瓦斯浓度都达到1%以下时,掘进工作面方可爆破。

(5) 每次爆破前,两个工作面必须有专人警戒。

三、巷道贯通后的管理

(1) 必须停止采区内的一切工作,立即调整通风系统,待风流稳定后,方可恢复工作。

(2) 间距小于20 m的平行巷道的联络巷贯通,必须遵守各项规定。

第十章　瓦斯检测仪器及其使用

第一节　光学瓦斯检定器

一、光学瓦斯检定器的功能、特点及构造

（一）功能与特点

光学瓦斯检定器可以测定瓦斯的浓度，也可以测定二氧化碳的浓度。光学瓦斯检定器的精度有两种，分别为 0～10% 和 0～100%。

光学瓦斯检定器的特点是携带方便，操作简单，安全可靠，有足够的精度。但是，构造复杂，维修不便。

（二）构造

我国用得较多的光学瓦斯检定器有 AQG-1 型和 AWJ 型，其外形和内部构造基本相同。下面以 AQG-1 型为例说明其构造。AQG-1 型光学瓦斯检定器主要由气路、光路、电路 3 个系统组成，如图 10-1 所示。

(1) 气路系统。AQG-1 型光学瓦斯检定器的气路系统由吸气管、进气管、水分吸收管、二氧化碳吸收管、吸气橡皮球、贮存气样的瓦斯气室和贮存新鲜空气的空气气室和毛细管等组成。

各主要部件的作用如下。瓦斯气室：贮存所测气样；空气气室：贮存新鲜空气；水分吸收管：内有氯化钙或硅胶，可吸收所测气样中的水分；二氧化碳吸收管：内有钠石灰，可以吸收所测气样中的二氧化碳，以便准确测出瓦斯浓度；毛细管：外端接大气，可保持所测气样的温度、压力与被测地点温度、压力相同，使所测结果有

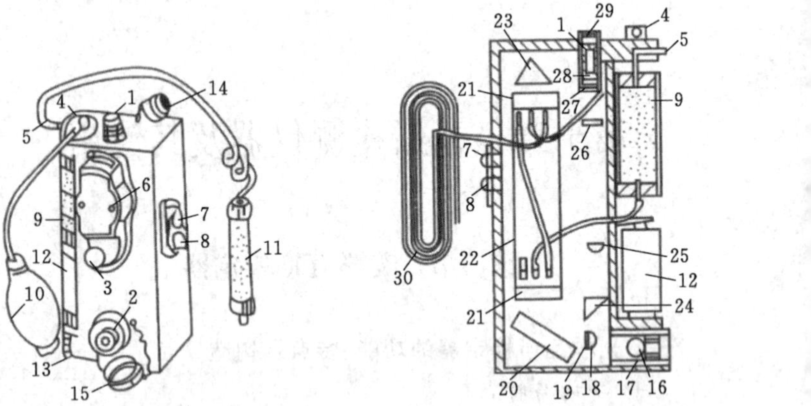

(a)　　(b)

1—目镜；2—主调螺旋；3—微调螺旋；4—吸气孔；5—进气孔；
6—微读数观察窗；7—微读数电门；8—光源电门；9—水分吸收管；
10—吸气橡皮球；11—二氧化碳吸收管；12—干电池；13—光源盖；
14—目镜盖；15—主调螺旋盖；16—灯泡；17—光栅；18—聚光镜；
19—光屏；20—平行平面镜；21—平面玻璃；22—气室；23—反射棱镜；
24—折射棱镜；25—物镜；26—测微玻璃；27—分划板；28—场镜；
29—目镜保护盖；30—毛细管。

图 10-1　AQG-1 型光学瓦斯检定器的构造

一定的准确性。

(2) 光路系统，如图 10-2 所示。

(3) 电路系统，由电池、灯泡、灯泡开关等部件组成。

二、光学瓦斯检定器的工作原理

如图 10-2 所示，由光源发出的光，经聚光镜到达平面镜，经其反射和折射后形成两束光，分别通过瓦斯气室和空气气室；由于瓦斯和空气的折射率不同(折射率与瓦斯浓度成正比关系)，两束光在经过折光棱镜折射到反射棱镜时合为一束光，于是干涉条纹产生位移；最后反射到望远镜系统，看到的位移大小就是瓦斯浓度

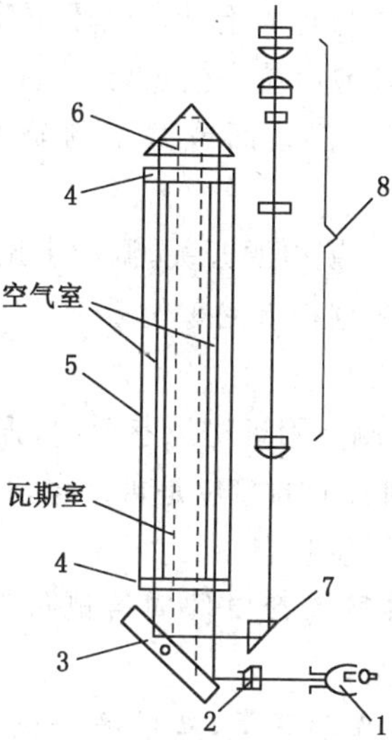

1—光源；2—聚光镜；3—平面镜；4—平行玻璃；5—气室；
6—折光棱镜；7—反射棱镜；8—望远镜系统。

图 10-2　AQG-1 光学瓦斯检定器的光路系统

数值。

三、光学瓦斯检定器的操作使用

（一）测前准备

(1) 药品性能检查。若水分吸收管中的氯化钙(或硅胶)或二氧化碳吸收管中的钠石灰已变色失效,必须更换。药剂颗粒直径在 2～5 mm 为正常,否则也要更换。

(2) 气路系统检查。一手捏扁吸气球,另一手掐住胶管,放开气球不胀起,表明气球不漏气;将吸气胶管与检定器吸气孔连接,堵住进气孔,捏扁气球松开后不胀气,表明仪器不漏气;放开进气孔,捏放吸气球,吸气球瘪起自如,表明气路畅通无阻。

(3) 光路系统检查。按下电源开关,从目镜观察,并旋转镜筒，调整到分划板清晰为止。干涉条纹不清晰时，可取下光源盖，拧松灯泡后盖，调整灯泡后盖小柄，直到干涉条纹清晰为止。

(4) 清洗瓦斯室。在地面或井下新鲜风流中，手捏吸气球5～7次。

(5) 对零。按下目镜电源开关，调动主调螺旋，调动干涉条纹中的黑基线，直至与分划板上的零位重合。

(二) 测瓦斯浓度

(1) 调零。在待测点附近进风巷道内，捏放吸气球数次，查看选定的黑基线与分划板上的零位是否重合，若有移动，则按对零的方法调整，使光谱在零位状态。

(2) 采气样。将吸气管口伸向待测位置，手捏吸气球5～7次，气样则进入瓦斯室。

(3) 读数。按下光源开关，从目镜中观察黑基线的位置。若其与某整数刻度重合，读出刻度处数值就是瓦斯浓度；若黑基线位于两个整数之间，则调动微调螺旋，使黑基线退到较小的整数位置上，再从微读数盘上读出小数位数值，整数值与小数位数值相加，就是瓦斯浓度。

(三) 测二氧化碳浓度

用光学瓦斯检定器测定二氧化碳浓度时，要首先测出该测点的瓦斯浓度；然后去掉二氧化碳吸收管，再测定出该点瓦斯和二氧化碳混合气体的浓度。用混合气体浓度减去瓦斯浓度，再乘以0.955的校正系数就是所测点的二氧化碳浓度。

例：用光学瓦斯检定器测得某矿井总回风巷测点断面的上、下1/5处的瓦斯浓度分别是0.56%和0.43%；取下二氧化碳吸收管测得该点下1/5处的混合气体浓度为1.15%。计算该总回风巷的瓦斯和二氧化碳浓度，并判断是否超限。

解：(1) 风流中瓦斯浓度为0.56%。

(2) 风流中二氧化碳浓度为：

$$(1.15\%-0.43\%)\times 0.955=0.69\%$$

(3) 风流中的瓦斯和二氧化碳浓度都不超 0.75%，所以都不超限。

(四) 发生零位漂移的原因和预防

光学瓦斯检定器发生零位漂移，会造成测定结果不准或错误。

1. 发生零位漂移的原因

(1) 光学瓦斯检定器空气室内的空气不新鲜，毛细管失效。

(2) 对零时的地点与测点的温度和压力差别较大。

(3) 瓦斯室气路不畅通。

2. 防止零位漂移的措施

(1) 经常用新鲜空气清洗空气室，不要连班使用一个检定器，以免毛细管内空气不新鲜。

(2) 井下对零时，尽量在温度、压力相近，标高相同的地点进行，以免因温差、压差过大引起零位漂移。

(3) 经常检查气路，发现不畅通及时修理。

(五) 光学瓦斯检定器测定值的校准

光学瓦斯检定器的刻度值是在标准条件(20 ℃，一个大气压)下标定的。当测点温度不在(20±2) ℃，大气压不在(101 325±100) Pa 范围时，应进行修正，其方法是将测得值乘以校正系数 K：

$$K=(101\ 325/P)\times(T/293)=345.82T/P$$

式中 T——测点绝对温度($T=t+273$)，K；

t——测点摄氏温度，℃；

P——测点大气压力，Pa。

(六) 光学瓦斯检定器常见故障与处理办法

(1) 检查药品时发现药品失效、药品颗粒变小成粉或胶结成块时，应立即更换，否则测定值偏高，或阻塞气路无法测量。

(2) 检查气密时，发现漏气应立即设法找寻漏气原因，及时更换吸气管或气球。

(3) 检查光路时,若发现无光,应打开光源盖检查灯泡。若灯泡损坏,应及时更换;若灯泡没坏,应检查电池,并及时更换电池。若灯光暗红,表示电池没电,要立即更换。

(4) 当发现干涉条纹无法归零,或者干涉条纹和分划板刻度不平行时,应找专业人员调校,不可私自打开维修。

(5) 当发现目镜有雾气看不清时,应找专业人员修理。

四、光学瓦斯检定器的使用和保养注意事项

(1) 携带使用时,要防止检定器和其他硬物碰撞,以免损坏检定器的内部零件和光学镜片。

(2) 干涉条纹不清晰,常是空气湿度过大、光学玻璃上有雾粒或灰尘、光学系统出问题造成的。若调整灯泡不能改善,应立即找专业人员修理。

(3) 测定时,若空气中含有一氧化碳、硫化氢等其他气体,瓦斯测定值会偏高,为消除此影响,应加装有颗粒活性炭的辅助吸收管,消除硫化氢的影响;或者加装有40%氧化铜与60%二氧化锰混合物的辅助吸收管,消除一氧化碳影响。

(4) 在火区、密闭区等严重缺氧地点,测定的瓦斯浓度值会比实际偏大(试验可知,氧气浓度每降低1%,瓦斯浓度约偏高0.2%)。此时,必须采气样,用化学分析法测定,不允许用光学瓦斯检定器测瓦斯浓度。

(5) 高原地区的空气密度小、气压低,使用光学瓦斯检定器时应对其进行相应的调整,或依据当地实测空气温度和气压对瓦斯浓度进行系数校正。

(6) 不用光学瓦斯检定器时,要将其放在干燥的地方,并取出电池,以防腐蚀仪器。

(7) 要定期对光学瓦斯检定器进行检查、校正,发现问题及时维修。不许用损坏的光学瓦斯检定器测瓦斯浓度。

第二节　便携式瓦斯检测仪

一、便携式瓦斯检测仪的特点与种类

便携式瓦斯检测仪是方便携带并可连续自动测定环境中瓦斯浓度的全电子仪器。它具有操作方便、读取直观、工作可靠、体积小、质量轻、维修方便等特点。便携式瓦斯检测仪种类很多，按检测原理不同，可分为热催化(热效)式瓦斯检测仪、热导式瓦斯检测仪及半导体气敏元件瓦斯检测仪。

二、便携式瓦斯检测仪的构造与工作原理

(一) 热催化式瓦斯检测仪

热催化式瓦斯检测仪由传感器、电源、放大电路、报警电路、显示电路等部分组成。其中传感器(也叫元件)是仪器的主要部分，它直接与环境中的瓦斯接触并反应，把瓦斯浓度值变成电量，由放大电路放大后送给显示和报警电路。热催化元件是用铂丝按一定的几何参数绕制的螺旋圈，其外部涂着氧化铝浆并经煅烧而成的一定形状的耐温多孔载体，其表面浸渍有一层铂、钯催化剂，呈黑色，又叫黑元件。在仪器瓦斯测室中有一个与黑元件构造相同，但表面没有涂催化剂的补偿元件(又叫白元件)。黑、白两个元件分别接在一个电桥的两个相邻桥臂上，而电桥的另外两个桥臂分别接入适当的电阻。如图 10-3 所示。

当一定的工作电流通过检测元件(黑元件)时，其表面加热到一定的温度，而这时含有瓦斯的空气接触到检测元件表面时，便被催化燃烧放热，放出的热又反过来进一步使元件温度升高，使铂丝的电阻值明显增加，于是电桥失去平衡，输出一定的电压。在瓦斯浓度低于 4%时，电压与瓦斯浓度成正比关系，因此可以根据测电压高低来测算出瓦斯浓度。但当瓦斯浓度高于 4%时，输出的电压不再与瓦斯浓度成正比关系，所以这种仪器只能测低于 4%的

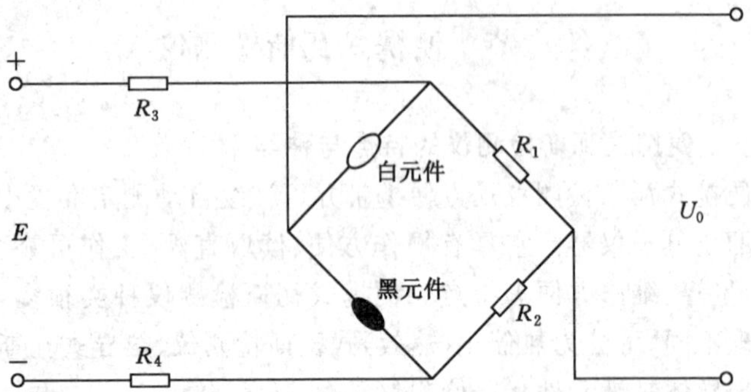

图 10-3　热催化式瓦斯检测仪传感器电路原理

瓦斯浓度。

（二）热导式瓦斯检测仪

热导式瓦斯检测仪与热催化式瓦斯检测仪构造基本相同，也是由传感器、电源、放大电路、报警电路、显示电路等部分组成，区别在于仪器传感器的构造和原理不同。

热导式瓦斯检测仪传感器是根据矿井空气的导热系数随瓦斯浓度的不同而不同的特性，通过测量这个变化来达到测量瓦斯浓度的目的。仪器是通过热敏元件将因气体浓度变化而引起的导热系数的变化转化为电阻值的变化，再通过平衡电桥来测定这一变化的，其原理如图 10-4 所示。

在图 10-4 中，r_1 和 r_2 为两个热敏元件，分别置于同一气室的 2 个小孔腔中，它们和电阻 R_3、R_4 共同构成电桥的四个臂。放置 r_1 的小孔腔与大气接通，称为比较室。工作室和比较室在尺寸、形状、结构上完全相同。

在无瓦斯时，由于 2 个小孔腔中各种条件相同，2 个热敏元件的散热状态也相同，电桥处于平衡状态，电表 G 上无电流通过，其指示值为零。当瓦斯进入气室与 r_1 接触后，瓦斯比空气的热导系数大，

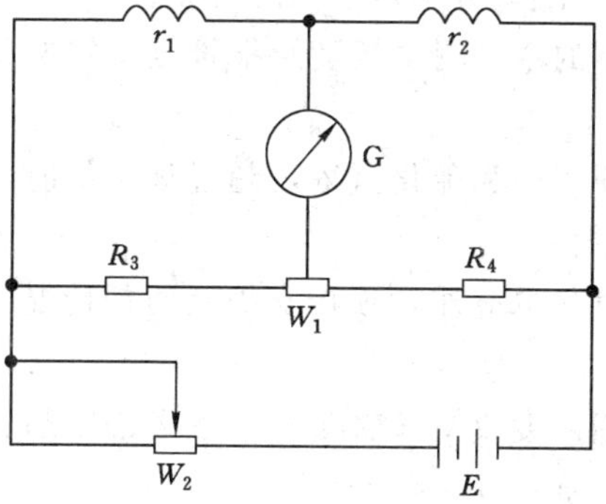

图 10-4　热导式瓦斯检测仪传感器电路原理图

散热好，使空气温度下降，电阻值减小，而被密封在比较室内的 r_2 阻值不变，于是电桥失去平衡，电表 G 中便有电流通过。瓦斯浓度越高，电桥越不平衡，输出的电流越大，依电流大小，便可得出瓦斯浓度值。利用这种原理的检测仪，一般常用于检测高浓度瓦斯。

三、便携式瓦斯检测仪的使用

便携式瓦斯检测仪在每次使用前都必须充电，以保证其可靠工作。使用时，首先在新鲜空气中打开电源，预热 15 min，观察指示是否为零，如有偏差，则要调整电位器使其归零。

（一）使用方法和步骤

测量时，既可用手将仪器的传感器部位举至或悬挂在待测处，经十几秒的自然扩散后读取瓦斯浓度值；也可由工作人员随身携带，在瓦斯超限时发出声光报警，再重点监视环境瓦斯，或采取相应措施。

（二）使用时的注意事项

（1）要保护好仪器，在携带和使用中严禁摔打、碰撞，严禁淋水或被水浸泡。

（2）在使用中发现仪器电压不足时，应立即停止使用，否则将影响仪器的正常工作，并缩短电池使用寿命。

(3) 对仪器的零点测试精度及报警点应定期(一般为一周或一旬)进行校验。

(4) 当瓦斯浓度和硫化氢浓度超过规定值时，仪器应禁止使用，以免损坏元件。

(5) 检查过程中应注意顶板支护及两帮情况，防止伤人事故发生。

(6) 当瓦斯浓度或氧气浓度不符合规定限度时，应迅速退出，并及时处理或汇报。

(7) 当闻到有其他特殊气味时要迅速退出，注意自身安全。

(三) 常见故障与排除

(1) 当打开开关后无显示时，可能是线路中断，也可能是电池损坏，应维修或更换电池。

(2) 若显示时隐时现，则可能是电路接触不良，应修理开关或换电池。

(3) 如果显示不为零，调零电位仍无法归零，则应找专业人员修理调校。

四、便携式瓦斯检测仪的日常维护

(1) 爱护仪器，经常保持仪器的清洁。

(2) 及时进行校验，以保持其精度。

(3) 在通风干燥处保存。

(4) 当发现电池无电时，应及时充电，以防损坏电池。

第三节　便携式测氧仪与一氧化碳检测仪

一、便携式测氧仪

煤矿井下常用的氧气浓度检测仪有瓦斯、氧气两用检测报警仪和 OX-SC 型矿井测氧仪两种。

（一）瓦斯、氧气两用检测报警仪

瓦斯、氧气两用检测报警仪是一种集检测瓦斯浓度、氧气浓度两种功能于一体的便携式报警仪器。该仪器可同时连续监测环境中瓦斯和氧气浓度，并可任意显示一种气体的检测值。当任意一种气体超限时，仪器发出声光信号，并显示超限浓度。该仪器具有操作方便、读数直观准确、工作稳定、一机多用等特点，适用于煤矿井下有瓦斯危害的采掘工作面、回风巷等地点。在井下启封密闭、排放瓦斯、停风后恢复通风时，该仪器是十分理想的检测仪器。该仪器的结构与便携式瓦斯检测报警仪相似。

瓦斯、氧气两用检测报警仪的氧气测量范围为0～25%，瓦斯测量范围为0～4.0%；氧气的报警点为18%，瓦斯的报警点为1.0%。

使用仪器前必须先充电，以保证仪器正常工作。使用时，首先要在新鲜空气中打开电源，稳定一段时间后，看瓦斯指示是否为0.00 %(±0.02%)，氧气指示是否为20.8%(±0.1%)，待两者都稳定后，方可进入现场检测。

开机后，仪器同时检测瓦斯和氧气两种气体的变化情况。仪器可由人随身携带，时刻监测人员所到区域的瓦斯和氧气变化情况；也可悬挂在固定地点或举到某一测点进行定点监测。携带仪器进入无风区域时，要缓慢行进，并时刻观察瓦斯和氧气浓度的变化情况，要在气体浓度到达超限前及时撤出，以免发生危险。

仪器在使用时，所测氧气浓度随矿井深度的加深和大气压的加大而有一定偏差。所以，在实际测量时，应对测量结果进行校正，其方法有两种。

1. 校正系数法

$$A = \frac{20.96B}{20.96 + KH}$$

式中 A——测氧处氧气含量实际值，%；

20.96——地面空气中氧气含量百分比；

B——测氧处仪器读数,%;

K——井深修正系数,0.25%;

H——测氧处井深,100 m。

2. 利用矿内新鲜空气校正

该法是在井下寻找新鲜空气处校正仪器。经校正后,在校正的同一水平内到处可测,且直接显示测氧处实际氧气浓度,无须换算。此法可消除井深影响误差,简易、可行、有效。

(二) OX-8C 型矿井测氧仪

OX-8C 型矿井测氧仪外形小巧、质量轻、便于携带、精度高、探头寿命长,并符合井下用本质安全型防爆电气设备的有关规定,是煤矿井下测量氧气浓度的专用仪器。如图 10-5 所示。

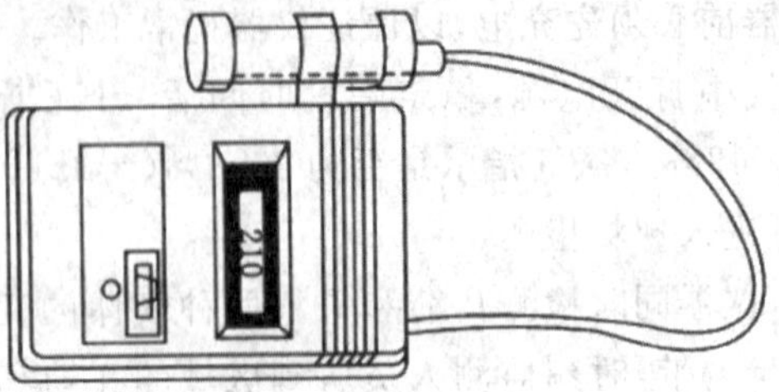

图 10-5　OX-8C 型矿井测氧仪

该仪器配有 20 m 屏蔽线延伸电缆和重力探头,用航空插座可靠连接,平时进行地面监测时,只要接上氧气探头即可。在井下检测时,测点串联 20 m 延伸电缆,将重力探头放入测点,即可测得氧气浓度,其测氧范围为 0～25%(±0.5%)。

1. OX-SC 型矿井测氧仪的使用

使用时接上氧气探头后,将探头置于新鲜空气中,开关拨至"ON",待数字显示稳定或小数点后数字来回跳动 0.1 时,用螺丝刀调节校准电位器,使数字稳定到 20.9 或 21(此为大气中氧含量标准值 20.95%的约数),将氧气探头放入待测点,待数字稳定后,读数即为测点的氧气百分比浓度。

2. 注意事项

(1) 每次检测前,都要对仪器进行检查。检查方法为:校准21.0%后,人体吸气吹鼓密封塑料袋,将氧气探头置入袋内,捏紧袋口;显示应降到12.0%~18.0%(因为各人肺活量大小及吸气方法不同),取出氧气探头并将其置于新鲜空气中,数字应仍恢复到20.9%~21.0%,此时表明仪器正常。若氧气探头置入吹气袋内,数字仍停在21.0%不变,则表明仪器发生故障,应返厂修理。

(2) 尽量减少撞击碰压仪器,以免损坏。

(3) 若长时间不用仪器,应取出电池,以免电池漏液而损坏仪器。

3. 常见故障及排除方法(表10-1)

表10-1　OX-8C型矿井测氧仪常见故障及排除方法

故障	原因	排除方法
读数不稳	探头透气膜中心部位有水珠或灰尘	打开探头护罩,在透气膜正中用酒精棉吸干水珠、洗净灰尘
数字时隐时现	电池或开关接触不良	重新装电池或修开关
数字显示"1"或"0"不能调校	探头连线断开,溶液干涸,透气膜破裂	返厂修理
显示器左上角出现"LOBAT"	电池已耗尽	更换新电池

二、一氧化碳检测仪

一氧化碳是一种无色、无味、剧毒气体,对人体危害极大。煤矿井下发生火灾或瓦斯、煤尘爆炸时,都会产生大量一氧化碳气体。因此,及时检测一氧化碳浓度、采取排除措施,是保证井下人员生命安全的重要措施，同时也是早期预防井下火灾的有效办法。

检测一氧化碳浓度的仪器较多，按原理不同，可分为电化学型、红外线吸收型、气敏半导体型等，使用较多的为电化学型。下面以 LTJ-300 型便携式一氧化碳检测报警仪为例进行讲解。

（一）LTJ-300 型便携式一氧化碳检测报警仪的特点和结构

LTJ-300 型便携式一氧化碳检测报警仪是电化学型仪器，具有读取迅速、直观、准确及可连续监测等特点。

仪器以 3 位数显示一氧化碳浓度，显示范围为 0～0.000 3％，报警范围在 $0.2\times10^{-4}\sim1.5\times10^{-3}$ 之间可任意调节。报警方式为断续声光信号，仪器反应时间小于 30 s，传感器寿命为 1 年。该仪器的结构如图 10-6 所示。

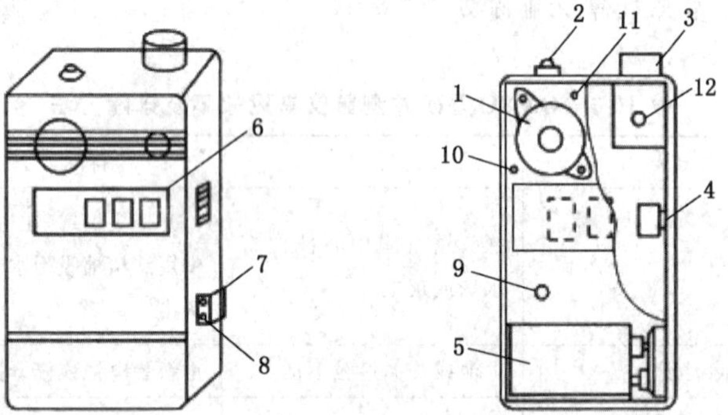

1—蜂鸣器；2—报警灯；3—传感器；4—电源开关；5—9 V 电池；
5—显示窗；7—调零电位器；8—调整报警点电位器；9—调精度电位器；
10—调整电压测量端；11—调整稳压电位器；12—传感器固定螺丝。

图 10-6　LTJ-300 型便携式一氧化碳检测报警仪

（二）LTJ-300 型便携式一氧化碳检测报警仪的使用

1. 准备

(1) 仪器工作电压检查。打开仪器电源开关 5 min 后，若没有负压报警，表明仪器电源充足可以使用；否则，要更换 9 V 叠层电池。仪器显示稳定后再使用，否则不可用。

(2) 零点检查。在新鲜空气中打开电源后，显示应为“000”。若显示超过 $0.5\times10^{-5}\%$，则需要调整电位器，使其归为零。

2. 使用

调校完后，仪器可正常工作，其显示数据为该点的一氧化碳浓度值。若要检测某测点的一氧化碳浓度，可将仪器置于待测点，待显示值稳定后即为该点一氧化碳的浓度值。

3. 注意事项

(1) 不要在含有 H_2S、SO_2、H_2、NO_2 等气体的地点使用，否则会产生误差。

(2) 不要在一氧化碳浓度高于 0.000 3% 的地点长时间使用仪器，否则会影响传感器使用寿命。

(3) 为了保证仪器的防爆性能，严禁在井下拆开仪器，更不许在井下更换电池。

(4) 要注意仪器的保养，每周用毛刷清除传感器上的粉尘，以保证仪器通风性能良好，并存放于通风、干燥、无腐蚀的环境中。

(5) 对仪器的零点、指示值、报警点每旬调试一次。

(6) 仪器应定期更换电池。不使用的仪器一般每 40 天更换一次电池，以保证应急使用。如果仪器长期不用，应将电池取出，以防电池漏液损坏仪器。

(7) 检测过程中应注意自身安全，防止冒顶、运输等事故发生。

(8) 发现一氧化碳浓度或其他有害气体浓度严重超限时，应及时撤出，防止中毒。

三、检定管测定其他有毒有害气体

检定管由检定管和吸气装置两部分构成。

(一) 吸气装置

不同的检定管要求不同的采样和送气方法。对于不活泼的气体，如 CO 和 CO_2 等，一般先将气体吸入吸气装置，将活塞往复抽送 2～3 次，使内部气体完全被气样取代，然后把检定管插入插孔，匀速把气样送入检定管。性质活泼的气体如 H_2S 等，应插入检定管后再吸气，让气样先通过检定管，再进入吸气装置（图 10-7）内。

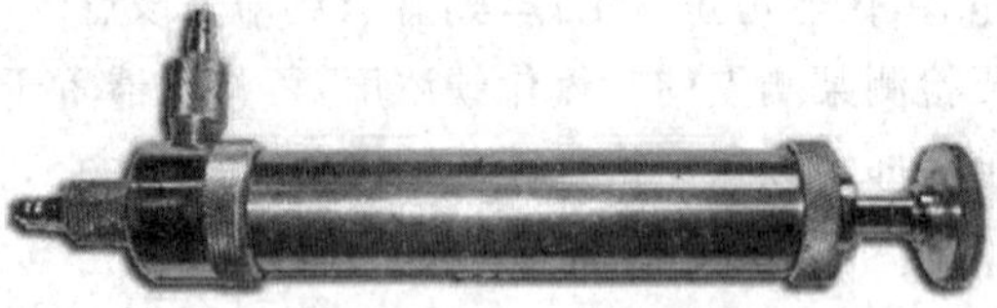

图 10-7　吸气装置

（二）检定管测定气体的工作原理及其结构

1. 检定管的工作原理

当含有被测气体的空气以一定速度通过检定管时，被测气体与指示胶发生化学反应，根据胶的变色程度或变色的长度来确定其浓度，前者称为比色式，后者称为比长式。由于比色式灵敏度低，颜色不易辨认，所以目前多用比长式检定管（图 10-8）。检定管可检测的气体有 CO、NO_2、H_2S、SO_2、NH_3、H_2 等。

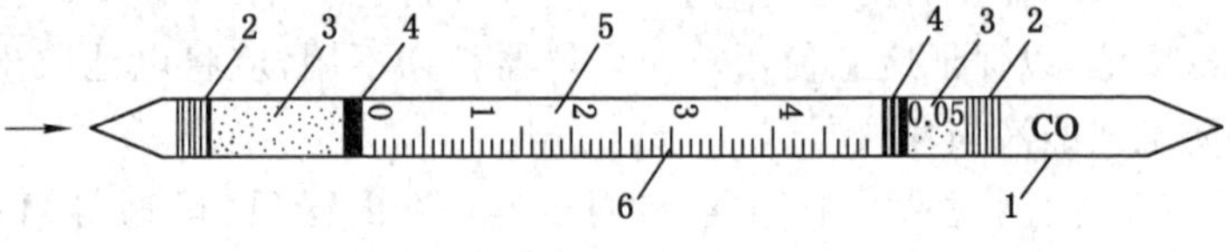

1—外壳；2—堵塞物；3—保护胶；4—隔离层；
5—指示胶；6—指示被测气体浓度刻度。

图 10-8　比长式检定管

2. 检定管的结构

检定管由外壳、堵塞物、保护胶、隔离层及指示胶等组成。其中外壳是用中性玻璃管加工而成；堵塞物用的是玻璃丝布、仿生棉或耐酸涤纶，它对管内物质起固定作用；保护胶是用硅胶做载体吸附试剂制成，其用途是除去对指示胶变色有干扰的气体；隔离层一般用的是有色玻璃粉或其他惰性有色颗粒物质，它对指示胶起界限作用；指示胶是以活性硅胶为载体吸附化学试剂并经加工处理而成。

（三）常见的检定管种类

1. 一氧化碳检定管

一氧化碳检定管以活性硅胶为载体，吸附化学试剂碘酸钾和发烟硫酸作为指示胶。一氧化碳通过时，产生碘，沿着玻璃管形成棕色环，随着气流流动，移动距离与被测空气中一氧化碳浓度成正比。

2. 硫化氢检定管

硫化氢检定管以活性硅胶为载体，吸附化学试剂为醋酸铅，气体通过时，形成褐色变色柱子。

3. 二氧化碳检定管

二氧化碳检定管以活性氧化铝为载体，吸附化学试剂氢氧化钠作为指示胶。二氧化碳通过时，由蓝色变为白色，根据白色的移动距离可测出浓度大小。

（四）高、低浓度气体的检测

1. 高浓度气体的检测

如果气样还未送完，而检定管已经全部变色，即气体浓度高于检定管的检测上限，则应首先考虑检测人员的防毒措施，然后采用以下方法处理。

(1) 稀释气体。下井时，带新鲜空气样，吸取一定量的待测气体后，用新鲜空气样稀释 1/2～1/10，再送入检定管。将测得的结果乘以气体稀释后变大的倍数，即为被测气体的浓度值。

(2) 减少送气量和送气时间。把原来规定的送气量和送气时间按相同倍数减小，但此法易产生较大的测量误差。如果对测量精度要求高，应更换测量上限大的检定管。

2. 低浓度气体的检测

如果气样中被测气体浓度低、结果不易读出，可采用增加送气次数的方法进行测定。

被测气体的浓度＝检定管上读数/送气次数

第十一章　煤矿监测监控系统

第一节　煤矿监测监控系统的组成及功能

一、煤矿监测监控系统的组成

煤矿监测监控系统主要用来监测甲烷浓度、一氧化碳浓度、二氧化碳浓度、氧气浓度、硫化氢浓度、矿尘浓度、风速、风压、湿度、温度、馈电状态、风门状态、风筒状态、局部通风机开停、主要风机开停等，并实现甲烷超限声光报警、断电和甲烷风电闭锁控制等。

煤矿监测监控系统一般由传感器、执行机构、信息传输装置（包括传输接口、分站、传输线等）、电源箱（或电控箱）、中心站或中心站的硬件（包括主机、打印机、显示装置、UPS 电源等）、管理工作站、服务器、路由器、中心站或主站的计算机软件等组成。如图 11-1 所示。

传感器将被测物理量转换为电信号，经 3 芯或 4 芯矿用电缆（其中 1 芯用于地线、1 芯用于信号线、1 芯用于分站向传感器供电）与分站相连，并具有显示和声光报警功能。

执行机构（含声光报警及显示设备）将控制信号转换为被控物理量，使用矿用电缆与监控分站相连。

分站接收来自传感器的信号，并按通信方式（时分制或频分制等）远距离传送给主站（或传输接口），同时，接收来自主站（或传输接口）多路复用信号（时分制或频分制等）。分站还具有线性校正、超限判别、逻辑运算等简单的数据处理能力，对传感器输入的信号和主站（或传输接口）传输来的信号进行处理，控制执行机构工作。

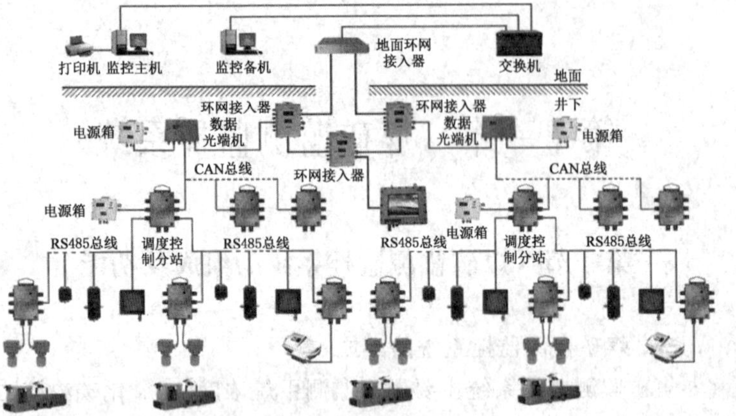

图 11-1 煤矿监测监控系统构成图示例

传感器及执行机构距分站的最大传输距离一般不大于 2 km。因此,一般采用星形网络结构(1 个传感器或 1 个执行机构使用 1 根电缆与分站相连)单向模拟传输。分站至主站之间最大传输距离不小于 10 km,为减少电缆用量、降低系统电缆投资、便于安装维护提高系统可靠性,通常采用 2 芯(用于单工或单向)、3 芯或 4 芯(用于双向)矿用信号电缆时分制或频分制多路复用(也有采用码分制),树形网络结构或环形网络结构或树形与星形混合网络结构,串行数字传输(基带传输或频带传输、异步传输或同步传输)。

电源箱将井下交流电网电源转换为系统所需的本质安全型直流电源,并具有维持电网停电后正常供电不小于 4 h 的蓄电池作为应急电源。

主站(或传输接口)接收分站远距离发送的信号,并送主机处理;接收主机信号并送相应分站。主站(或传输接口)主要完成地面非本质安全型电气设备与井下本质安全型电气设备的隔离。主站还具有控制分站的发送与接收、多路复用信号的调制与解调、系统自检等功能。

主机一般选用工控微型计算机或普通台式微型计算机、双机热备或多机备份。主机主要用于接收监测信号、校正、报警判别、数据统计、磁盘存储、显示、声光报警、人机对话、输出控制、控制打印输出与管理网络连接等。

投影仪、模拟盘、大屏幕、多屏幕、电视墙等用于扩大显示面积，以便于在调度室远距离观察。

管理工作站或远程终端一般设置在业务科室、矿长及总工程师办公室，以便随时了解矿井安全及生产状况。

路由器用于企业网与广域网及电话线入网等协议转换、安全防范等。

二、煤矿监测监控系统实现的功能

(1) 可实现煤矿安全监控系统、煤矿瓦斯抽采(放)监控系统、煤矿轨道运输监控系统、煤矿胶带运输监控系统、煤矿供电监控系统、煤矿排水监控系统、煤矿火灾监控系统、矿山压力监控系统、煤与瓦斯突出监控系统、人员定位监测系统等各类煤矿安全生产监控系统的远程、实时、全面、多级联网。

(2) 视频监控联网可实现煤矿地面及井下场景视频监控的远程、实时、多级联网。

(3) 煤矿全方位综合监管可实现矿井基本信息管理、安全生产制度、设备管理、职工安全管理、矿井水监管、矿图管理、开采区域及越层越界管理、隐患事故管理与督查督办、违规、奖惩管理等。

(4) 煤矿应急指挥调度可实现应急救援机构、队伍和设施管理及应急预案管理和指挥调度等。

(5) 安全监管办公可实现短信息即时通信、监管公告与通报、安全生产报表、数据统计查询等。

(6) 矿井自我远程监管可实现自我远程监控，对煤矿安全监控系统、视频监控系统、产量计量系统等各类煤矿本地监控系统进行远程监控和调度；自我全方位综合管理，煤矿管理、技术人员通过远程或在本地，实现对自己煤矿安全生产的全方位综合管理等。

(7) 煤矿管理信息共享可实现安全生产政策法规文件共享、安全生产技术信息共享、安全生产管理经验共享、现场信息共享、人才信息共享等。

第二节　煤矿监测监控系统传感器的设置

一、通用要求

(1) 甲烷传感器应垂直悬挂，距顶板（顶梁、屋顶）不得大于 300 mm，距巷道侧壁（墙壁）不得小于 200 mm，并应安装、维护方便，不影响行人和行车。

(2) 甲烷传感器的报警浓度、断电浓度、复电浓度和断电范围应符合规定。

二、采煤工作面甲烷传感器的设置

(1) 长壁采煤工作面甲烷传感器应按图 11-2 设置。U 形通风方式在上隅角设置甲烷传感器 T_0（距切顶线≤1 m），工作面设置甲烷传感器 T_1，工作面回风巷设置甲烷传感器 T_2；煤与瓦斯突出矿井在进风巷设置甲烷传感器 T_3 和 T_4；采用串联通风时，被串工作面的进风巷设置甲烷传感器 T_4，如图 11-2(a)所示。Z 形、Y 形、H 形和 W 形通风方式的采煤工作面甲烷传感器的设置参照上述规定执行，如图 11-2(b)～(e)所示。

(2) 采用两条巷道回风的采煤工作面甲烷传感器必须按图 11-3 设置。甲烷传感器 T_0、T_1 和 T_2 的设置同图 11-2(a)；在第二条回风巷设置甲烷传感器 T_5、T_6。采用三条巷道回风的采煤工作面，第三条回风巷甲烷传感器的设置与第二条回风巷甲烷传感器 T_5、T_6 的设置相同。

(3) 高瓦斯和煤与瓦斯突出矿井采煤工作面的回风巷长度大于 1 000 m 时，必须在回风巷中部增设甲烷传感器。

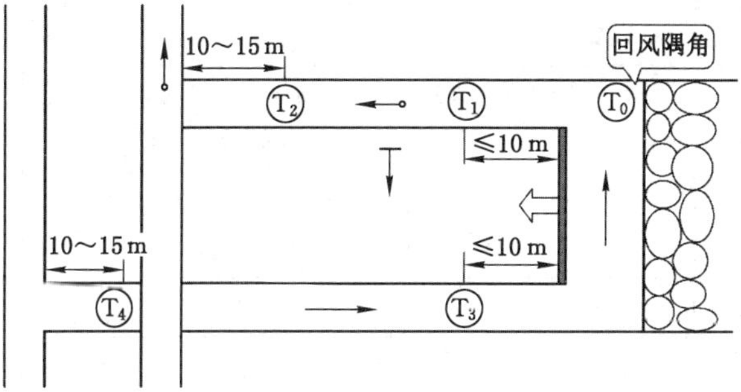

(a) U形通风方式

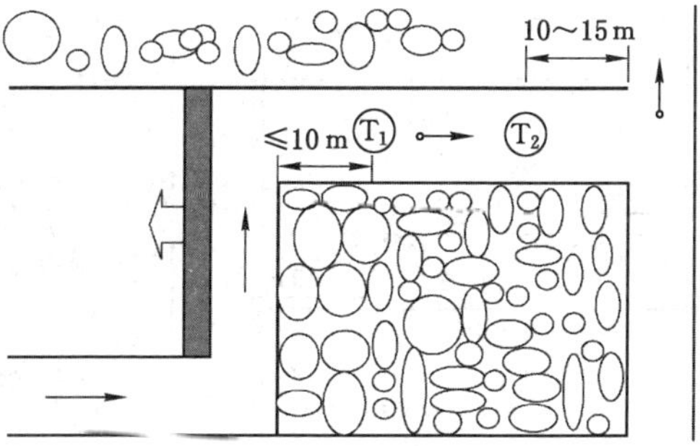

(b) Z形通风方式

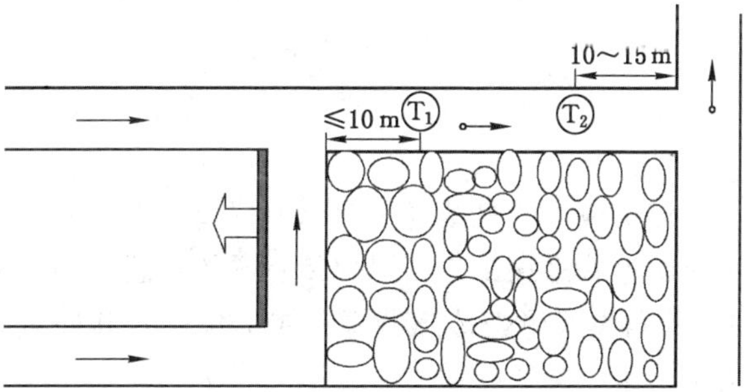

(c) Y形通风方式

图 11-2　采煤工作面甲烷传感器的设置

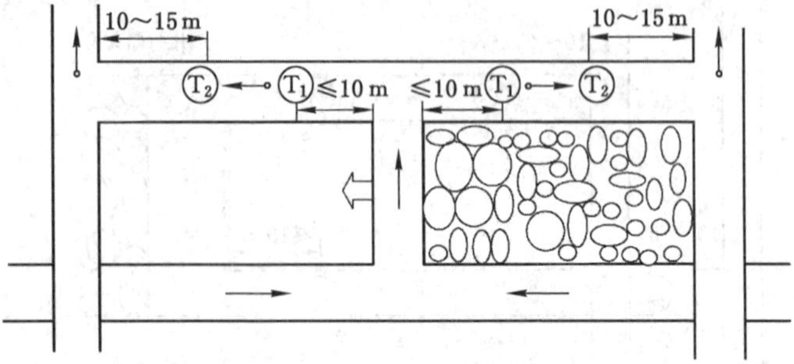

(d) H形通风方式

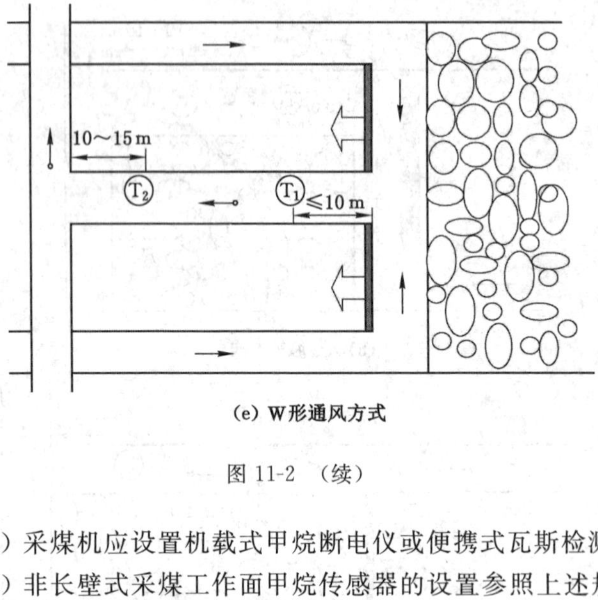

(e) W形通风方式

图 11-2 （续）

（4）采煤机应设置机载式甲烷断电仪或便携式瓦斯检测仪。

（5）非长壁式采煤工作面甲烷传感器的设置参照上述规定执行，即在上隅角设置甲烷传感器 T_0，在工作面及其回风巷各设置 1 个甲烷传感器。

三、掘进工作面甲烷传感器的设置

（1）煤巷、半煤岩巷和有瓦斯涌出岩巷的掘进工作面甲烷传

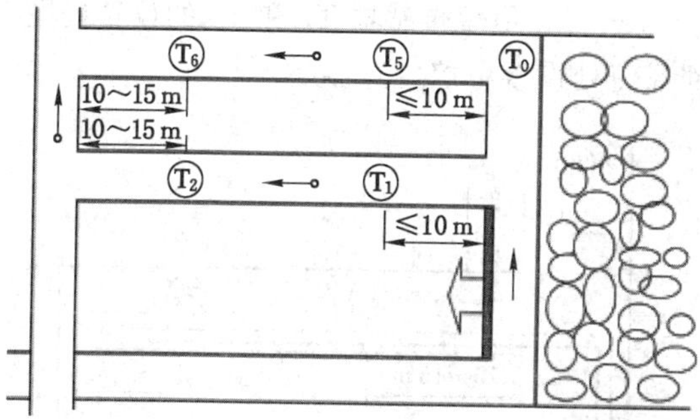

图 11-3　采用两条巷道回风的采煤工作面甲烷传感器的设置

感器必须按图 11-4 设置,并实现甲烷风电闭锁。在工作面混合风流处设置甲烷传感器 T_1,在工作面回风流中设置甲烷传感器 T_2;采用串联通风的掘进工作面,必须在被串工作面局部通风机前设置掘进工作面进风流甲烷传感器 T_3;煤与瓦斯突出矿井掘进工作面的进风分风口处设置甲烷传感器 T_4。

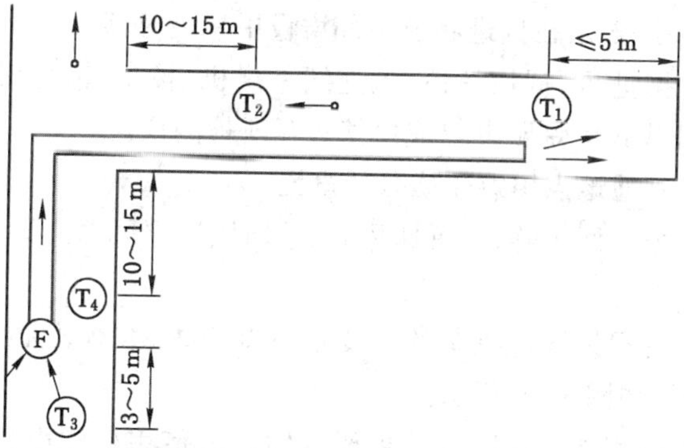

图 11-4　掘进工作面甲烷传感器的设置

(2) 高瓦斯和煤与瓦斯突出矿井双巷掘进工作面甲烷传感器

必须按图 11-5 设置。甲烷传感器 T_1 和 T_2 的设置同图 11-4；在工作面混合回风流处设置甲烷传感器 T3。

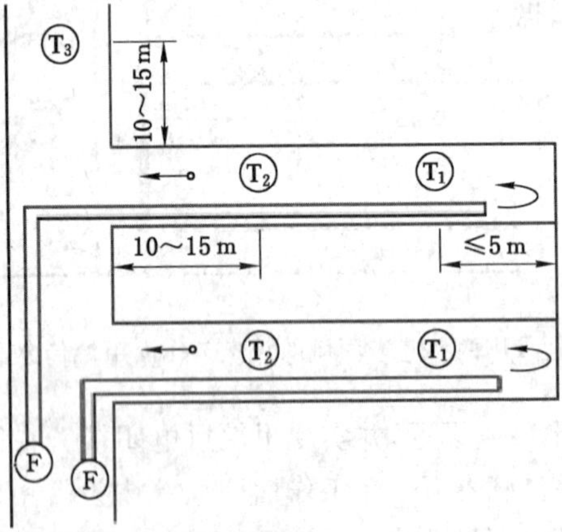

图 11-5　双巷掘进工作面甲烷传感器的设置

(3) 高瓦斯和煤与瓦斯突出矿井的掘进工作面长度大于 1 000 m 时，必须在掘进巷道中部增设甲烷传感器。

(4) 掘进机、掘锚一体机、连续采煤机、梭车、锚杆钻车、钻机应设置机载式甲烷断电仪或便携式瓦斯检测仪。

四、其他地点甲烷传感器的设置

(1) 采区回风巷、一翼回风巷、总回风巷测风站应设置甲烷传感器。

(2) 使用架线电机车的主要运输巷道内，装煤点必须设置甲烷传感器，如图 11-6 所示。

(3) 高瓦斯矿井进风的主要运输巷道使用架线电机车时，在瓦斯涌出巷道的下风流中必须设置甲烷传感器，如图 11-7 所示。

(4) 矿用防爆型蓄电池电机车必须设置车载式甲烷断电仪或便携式甲烷检测报警仪；矿用防爆型柴油机车和胶轮车必须设置

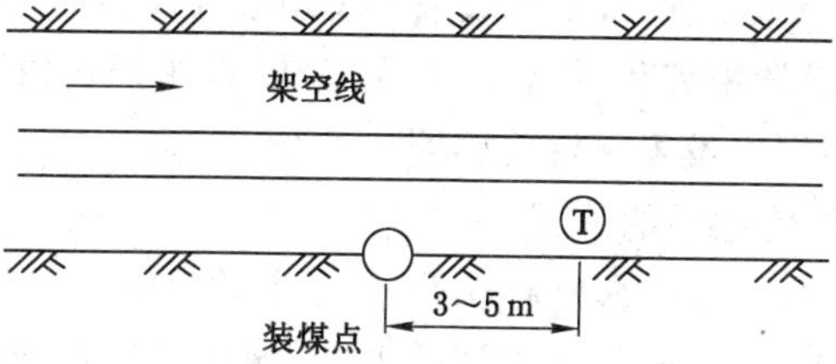

图 11-6　装煤点甲烷传感器的设置

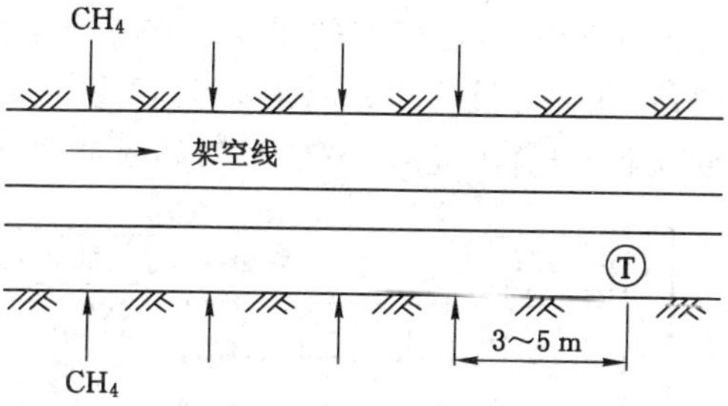

图 11-7　瓦斯涌出巷道的下风流中甲烷传感器的设置

便携式瓦斯检测仪。

(5) 兼作回风井的装有带式输送机的井筒内必须设置甲烷传感器。

(6) 采区回风巷、一翼回风巷及总回风巷道内临时施工的电气设备上风侧 10～15 m 处应设置甲烷传感器。

(7) 井下煤仓、地面选煤厂煤仓上方应设置甲烷传感器。

(8) 封闭的地面选煤厂车间内上方应设置甲烷传感器。

(9) 封闭的带式输送机地面走廊上方应设置甲烷传感器。

(10) 瓦斯抽采泵站应设置甲烷传感器。

① 地面瓦斯抽采泵房内应设置甲烷传感器。

② 井下临时瓦斯抽采泵站下风侧栅栏外应设置甲烷传感器。

③ 抽采泵输入管路中应设置甲烷传感器;利用瓦斯时,应在输出管路中设置甲烷传感器;不利用瓦斯、采用干式抽采瓦斯设备时,输出管路中应设置甲烷传感器。

五、其他传感器的设置

(一) 一氧化碳传感器的设置

(1) 一氧化碳传感器应垂直悬挂,距顶板(顶梁)不得大于300 mm,距巷壁不得小于200 mm,并应安装、维护方便,不影响行人和行车。

(2) 开采容易自燃、自燃煤层的采煤工作面应至少设置1个一氧化碳传感器,地点可设置在上隅角(距切顶线0～1 m)、工作面或工作面回风巷,报警浓度≥0.002 4%,如图11-8所示。

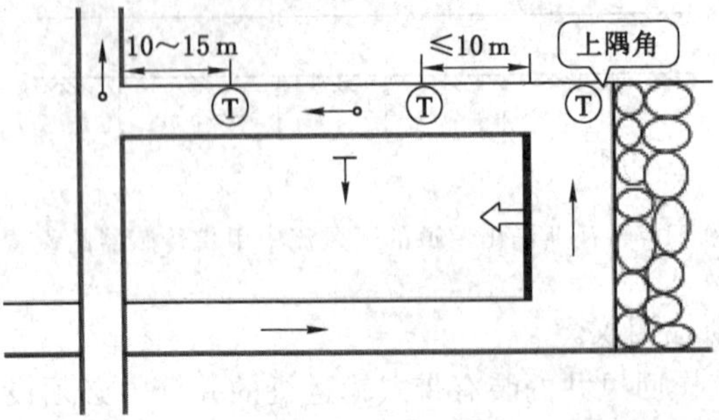

图11-8　采煤工作面一氧化碳传感器的设置

(3) 带式输送机滚筒下风侧10～15 m处宜设置一氧化碳传感器,报警浓度≥0.002 4%。

(4) 自然发火观测点、封闭火区防火墙栅栏外应设置一氧化碳传感器,报警浓度≥0.002 4%。

(5) 开采容易自燃、自燃煤层的矿井,采区回风巷、一翼回风巷、总回风巷应设置一氧化碳传感器,报警浓度≥0.002 4%。

（二）风速传感器的设置

采区回风巷、一翼回风巷、总回风巷的测风站应设置风速传感器。风速传感器应设置在巷道前后 10 m 内无分支风流、无拐弯、无障碍、断面无变化、能准确计算风量的地点。当风速低于或超过《煤矿安全规程》的规定值时，应发出声光报警信号。

（三）风压传感器的设置

主要通风机的风硐内应设置风压传感器。

（四）风向传感器的设置

突出煤层采煤工作面进风巷、掘进工作面进风的分风口应设置风向传感器。当发生风流逆转时，应发出声光报警信号。

（五）瓦斯抽放管路中其他传感器的设置

瓦斯抽放泵站的抽放泵输入管路中宜设置流量传感器、温度传感器和压力传感器；利用瓦斯时，应在输出管路中设置流量传感器、温度传感器和压力传感器。防回火安全装置上宜设置压差传感器。

（六）烟雾传感器的设置

带式输送机滚筒下风侧 10～15 m 处应设置烟雾传感器。

（七）温度传感器的设置

(1) 温度传感器应垂直悬挂，距顶板（顶梁）不得大于 300 mm，距巷壁不得小于 200 mm，并应安装、维护方便，不影响行人和行车。

(2) 开采容易自燃、自燃煤层及地温高的矿井采煤工作面应在工作面或回风巷设置温度传感器，如图 11-9 所示。温度传感器的报警值为 30 ℃。

(3) 机电硐室内应设置温度传感器，报警值为 34 ℃。

(4) 压风机应设置温度传感器，温度超限时，声光报警，并切断压风机电源。

（八）粉尘传感器的设置

采煤机、掘进机、转载点、破碎处、装煤口等产尘地点宜设置粉

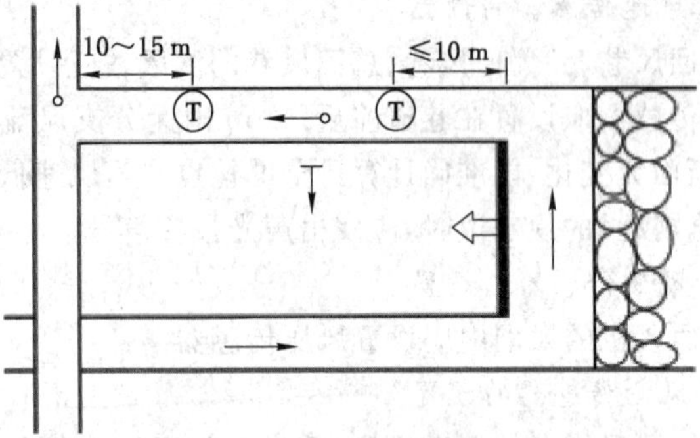

图 11-9　采煤工作面温度传感器的设置

尘传感器。

（九）设备开停传感器的设置

主要通风机、局部通风机应设置设备开停传感器。

（十）风门开关传感器的设置

矿井和采区主要进回风巷道中的主要风门必须设置风门开关传感器。当两道风门同时打开时，应发出声光报警信号。

（十一）风筒传感器的设置

掘进工作面局部通风机的风筒末端应设置风筒传感器。

（十二）馈电传感器的设置

被控开关的负荷侧应设置馈电传感器或接点。

第十二章　瓦斯检查安全操作

一、上岗条件

(1) 瓦斯检查工上岗前必须经过专业技术培训，取得特殊工种操作资格证后，持证上岗。

(2) 瓦斯检查工需要掌握以下知识。

① 掌握《煤矿安全规程》有关风量、气体浓度、温度以及对瓦斯检查的规定。

② 掌握所使用仪器的性能、参数。

③ 熟悉矿井通风系统，掌握各用风地点所需风量。

④ 了解煤与瓦斯突出的相关知识。

⑤ 掌握瓦斯、二氧化碳涌出机理和规律。

⑥ 熟悉入井人员的有关安全规定。

⑦ 了解有关煤矿瓦斯、煤尘爆炸的知识。

⑧ 了解煤矿避灾路线。

⑨ 了解井下各种气体超限的危害及预防知识。

(3) 瓦斯检查工应完成下列工作。

① 测定矿井作业地点的瓦斯、二氧化碳、一氧化碳等气体的浓度、温度。

② 及时、准确填报瓦斯报表和各种记录。

③ 在矿井瓦斯等级鉴定、反风演习时，测定有关参数并协助做好有关资料汇总工作。

④ 负责本区域的通风设施、装备的日常检查。

二、安全规定

(1) 必须按规定对井下采掘作业地点和其他有人工作的地点

进行巡回检查。对异常地点要设专人蹲点检查，并按规定及时汇报。

（2）瓦斯检查工要严格按照确定的检查路线、检查次数、检查周期、检查方式进行检查，严禁空班漏检和假检。

（3）瓦检牌板的设置位置以及需填写的内容要符合有关规定。

（4）采煤工作面需测定瓦斯和二氧化碳的地点如下。

① 工作面进风流：进风平巷至工作面煤壁线以外的风流。

② 工作面风流：距煤壁、顶板、底板各 20 cm 和以采空区切顶线为界的空间风流。

③ 上隅角：采煤工作面回风侧最后一副支架向上 1 m 处。

④ 工作面回风流：距采煤工作面 10 m 以外的回风顺槽内不与其他风流汇合的一段风流。

（5）掘进工作面需测定瓦斯的地点如下。

① 掘进工作面风流：风筒出口或前方到掘进工作面的一段风流。

② 掘进工作面回风流。

③ 局部通风机前后各 10 m 以内的风流。

④ 局部高冒顶区。

（6）爆破地点需检查瓦斯的部位如下。

① 采煤工作面爆破地点的瓦斯检查应在工作面煤壁各 20 m 范围内的风流中进行。

② 掘进工作面爆破地点的瓦斯检查应在该地点向外 20 m 范围内的巷道风流中进行。

（7）检查瓦斯的次数：采掘工作面和其他工作地点，瓦斯检查次数为每班不少于 2 次，重点区域每班不少于 3 次。采掘工作面瓦斯检查的时间间隔要均匀。

（8）瓦斯检查时，要严格按规定操作，发现安全隐患，要先消除隐患再进行检查。

(9) 经分析确定不宜安排瓦斯检查工检查的地点，未经公司技术负责人批准，不得擅自安排瓦斯检查工进入。

(10) 上班前严禁喝酒，认真执行岗位责任制和交接班制度。

三、操作前的准备

(1) 瓦斯检查工按规定手续领取瓦斯检测仪及其附件，并对仪器各部件进行详细检查，要求按钮灵活、光谱线清晰稳定、照明电路畅通并有仪器保护套。

(2) 检查药品是否失效。吸收管药品颗粒大小以 2～5 mm 为宜，装药量适合；钠石灰为粉红色，如变为灰白色即失效；变色硅胶为蓝色，如变为淡蓝或白色即失效。

(3) 检查气密性是否良好。

① 检查吸气球：用右手捏扁吸气球，左手捏住吸气胶管，如果吸气球不膨胀还原，说明吸气球不漏气。

② 检查仪器是否漏气：将吸气球胶皮管与瓦斯检测仪吸气孔连接，一手堵住进气孔，另一手捏扁吸气球，松手后 1 min 内不膨胀还原，说明瓦斯检测仪不漏气。

③ 检查气路是否畅通：放开进气孔，捏、放吸气球，气球瘪、起自如时，说明气路完好。

④ 如果漏气、气路不畅通，需要查明原因，进行处理，重复上述程序。

(4) 检查干涉条纹是否清晰：由目镜观察，按下按钮，同时旋转保护玻璃座调整视度，使得观察数字最清晰，再看干涉条纹是否清晰。

(5) 对仪器进行校正：简单的校正办法是将光谱的第一条黑纹对在“0”位上，如果第 5 条正对在“7%”的数值上，表明条纹宽窄适当；否则，应对仪器的光学系统进行调整。

(6) 用新鲜空气清洗气室：每班在进入工作地点前，必须在和测量现场温度相接近(温差不超过 10 ℃)的新鲜空气中按压吸气球 5～7 次,清洗气室。

(7) 调整零位:按下测微按钮,转动测微手轮,使刻度盘的零位与指标线重合;按下按钮,转动粗手轮,从目镜中观察,把干涉条纹中最黑的一条或两条黑线中的任意一条与分划板上的零位线对准,并记住对准零位的这条黑线,旋上护盖。

四、正常操作

(1) 操作顺序为:安全检查→取气样→读数→记录→现场班组长签字→填牌板→填写报表。

(2) 将调整好零位的瓦斯检测仪背在身上,把连接瓦斯入口的橡胶管或瓦斯检查棍伸入测定地点,慢慢握压吸气球 5～7 次,使待测气体进入仪器气室。

(3) 测定地点一般应在巷道靠顶板以下 20 cm 的位置,在有冒顶的巷道中,要将橡胶管伸入冒顶高处,由低到高逐渐向上检查。检查人员的头部不得伸入冒顶高处,以防缺氧窒息。

(4) 按动粗读数按钮,观看目镜,查看原来零位黑线的移动位置,读出整数。

(5) 按动精读数按钮,转动测微手轮,将零位黑线移动到整数位置,此时刻度盘上的读数即为小数位。

(6) 整数和小数相加,即为该地点的瓦斯浓度。

(7) 用光干涉型瓦斯检测仪测定瓦斯浓度时应在巷道风流的上部进行,将连接瓦斯入口的橡胶管送到检测地点,握压吸气球至少 6 次,到瓦斯浓度不超过 1%的安全地点读数,即为瓦斯含量值。测定二氧化碳浓度时,应在距巷道底板 20 cm 风流中部进行,先检查该地点瓦斯含量,再将辅助管取下,测定同一地点的混合气体含量,用混合气体减去瓦斯读数,再乘以 0.955,即为二氧化碳的实际含量。为使检测数字准确,要求在同一地点检查 3 次。

(8) 用温度计检查测点的温度,可以参考测风员的有关规定执行。

(9) 用多种气体检定器检查其他气体。在待测地点先将活塞往复抽送 2～3 次,使检定器内原来的气体被待测气体完全置换;然后抽取现场气样,把检查该气体的检定管两端的玻璃封口打开,将进气端插入检定器的插孔中(检查硫化氢时,把出气端插到插孔中后,将气样吸入检定管中),将三通阀拨到通气位置,推动活塞把,按照检定管上要求的通气量和时间,均匀地将气样送到检定管里;根据检定管上产生的变色圈的刻度,读出该气样的浓度。测量一氧化碳时,要避开爆破的时间,防止炮烟中一氧化碳的干扰。

(10) 检查完瓦斯、二氧化碳等浓度及温度后,瓦斯检查工要将检查结果及时记入瓦斯检查工手册、填入检查地点的瓦斯检查牌板上,并将检查结果通知现场作业人员,由班组长或带班队长在瓦斯检查工手册上签字。

(11) 瓦斯检查工还应对沿途的通风设施、防尘设施的使用情况进行检查,发现问题及时汇报、处理。

(12) 巡回检查其他地点,具体操作按照上述规定执行。

(13) 升井后,要根据瓦斯检查工手册填写的数据,填写瓦斯报表,做到"牌板""手册""班报"三对口。

五、特殊操作

(1) 对于有害气体涌出、温度和压力等异常的采掘工作面,瓦斯检查工必须严格执行"一炮三检"制度,瓦斯检查工不在现场不准爆破作业。

(2) 采煤工作面采空区需爆破放顶时,采空区瓦斯浓度的检查范围应按公司技术负责人批准的编制措施中的有关规定执行,当瓦斯浓度超限时应立即停止爆破。

(3) 在临时停工地点(停风)检查瓦斯时,必须至少 2 人同行,携带氧气检测仪,并且相距 4～6 m,从外向里随时检查瓦斯和氧气浓度。当瓦斯浓度或其他气体浓度超过《煤矿安全规程》规定时，必须停止前进，并要按照规定排放有害气体，不能及时处理的要在 24 h 内进行密闭。

(4) 在临时停风地点检查瓦斯时，不准先开局部通风机再进入迎头检查，应按照《煤矿安全规程》的要求检查。停风区内瓦斯浓度不超过 1%、二氧化碳浓度不超过 1.5%、局部通风机及其开关附近 10 m 范围内风流中的瓦斯浓度不超过 0.5%时，方可开动局部通风机恢复正常通风。

(5) 对于可能存在的瓦斯积聚区，要进行瓦斯检查。当发现瓦斯体积大于 0.5 m^3、浓度达到 2%时，附近 20 m 内必须停止工作、撤出人员、切断电源，并向有关部门汇报。

(6) 在瓦斯积聚区测量瓦斯浓度时，用瓦斯检测仪取样后，要在新鲜风流中读数。

(7) 矿井因为停电和检修造成主要通风机停止运转或通风系统发生重大变化(受到破坏)时，恢复正常通风后，所有受到影响的地点，必须经过瓦斯检查工的检查，证实无危险后方可恢复工作。

(8) 反风演习时的测定工作，可以参考测风员的有关规定执行。

(9) 井下需要电焊、气焊、喷灯焊时的瓦斯检查，应严格按照编制的安全措施执行。

(10) 严格执行“班中三汇报”制度，如遇气体异常或超限，要及时向通灭队值班队长和矿调度室汇报。

(11) 瓦斯检测仪出现故障时，不准在井下擅自拆卸和维修，要及时升井更换。

六、收尾工作

(1) 在井下指定地点进行交接班时，应交清当班情况及有关注意事宜。

(2) 升井后将仪器清理干净并上交。

煤矿瓦斯检查工实操考核标准如表 12-1 所示。

表 12-1　煤矿瓦斯检查工实操考核标准

公共部分　　　　考核人员________

徒手心肺复苏　　　　考试时间：10 min

序号	考试项目	操作内容与步骤	考试方式	分值	评分标准	扣分
1	环境评估	观察周围环境并确定安全	实物操作+手指口述	1	不符合要求扣 1 分	
2	判断意识	(1) 拍遇险者双肩(轻扣) (2) 分别对遇险者进行双耳呼叫("喂，您怎么了?")		1	不符合要求扣 1 分	
3	判断颈动脉搏动	用食指和中指指尖触及遇险者气管正中部(喉结部位)，判断时间不超过 10 s，如不能触及动脉搏动，立即使用心肺复苏		3	操作内容每项 1 分，每缺一项或一项不正确扣 1 分	
4	安置遇险者体位	(1) 令遇险者仰卧硬板床或地板上，使其头颈、躯干无扭曲，两臂放于身体两侧 (2) 解开遇险者上衣、腰带，脱下其袜子和靴子，暴露其前胸，检查其全身各处是否有外伤和骨折		4	操作内容每项 1 分，每缺一项或一项不正确扣 1 分	
5	通畅气道	打开遇险者口腔，将其头微微侧向施救者方向，手指进入其口腔，将其口中和气道中的异物抠出		3	操作内容每项 1 分，每缺一项或一项不正确扣 1 分	

表 12-1(续)

序号	考试项目	操作内容与步骤	考试方式	分值	评分标准	扣分
6	胸外按压	(1) 按压部位:两乳头连线中点处(胸骨下半部); (2) 按压手法:一手掌根部置于按压位置,另一手掌根部压在左手背上,手指交叉,肘部伸直,上肢与胸壁垂直,用上半身的力量垂直向下按压; (3) 按压幅度:≥5 cm; (4) 按压频率:≥100 次/min; (5) 按压与呼吸比例:30∶2,反复进行; (6) 操作 5 个循环后判断是否有效,无效时继续上述操作 5 个循环后再次判断,直至高级生命支持的开始	实物操作+手指口述	4	操作内容每项 1 分,每缺一项或一项不正确扣 1 分	
7	人工呼吸	(1) 口对口人工呼吸:吹气时左手捏住遇险者鼻孔,右手顶住遇险者下颌骨,让遇险者气道完全打开,吹毕后松开鼻孔,再行第二次吹气。成人吹气量为 500～600 mL; (2) 每完成 30 次按压后,进行 2～3 次的人工呼吸		2	操作内容每项 1 分,每缺一项或一项不正确扣 1 分	
8	心肺复苏有效指征	(1) 能摸到遇险者大动脉搏动,收缩压＞60 mmHg; (2) 面色、口唇、甲床和皮肤色泽转红; (3) 呼吸改善或出现自主呼吸; (4) 散大的瞳孔缩小; (5) 眼球转动,出现睫毛反射与对光反射,甚至手脚抽动、肌张力增加	手指口述	2	操作内容每项 0.5 分,每缺一项或一项不正确扣 1 分	
9	合计			20		

表 12-1(续)

自救器的使用						
序号	考试项目	操作内容与步骤	考试方式	分值	评分标准	扣分
1	压缩氧自救器的使用	(1) 将佩戴的自救器移至身体的正前方； (2) 拉开自救器两侧的塑料挂钩并取下上盖； (3) 展开气囊,注意气囊不能扭折； (4) 把口具片放在唇和牙齿之间,牙齿紧紧咬住牙垫紧闭嘴唇； (5) 逆时针转动氧气瓶开关手轮,打开氧气瓶开关(完全打开),用手指按动补气压板,使气囊迅速鼓起； (6) 鼻夹弹簧掰开,将鼻垫准确地夹住鼻孔,用嘴呼吸； (7) 撤离灾区	实物操作＋手指口述	10 分	操作时有一项不正确扣 2 分	
2	合计			10		

专业部分　　　　　　　　　　　　　　　　　　考生姓名______

便携式光学甲烷检测报警仪安全操作　　　　　　考试时间:20 min

序号	考试项目	操作内容与步骤	考试方式	分值	评分标准	扣分
1	外观安全检查	(1) 外观无损伤、无变形； (2) 部件齐全、完整,连接或固定牢靠； (3) 手轮、按钮、目镜操作灵活、可靠； (4) 光源亮度充分、稳定	实物操作＋手指口述	4 分	操作内容每项 1 分,每缺一项或一项不正确扣 1 分	

表 12-1(续)

序号	考试项目	操作内容与步骤	考试方式	分值	评分标准	扣分
2	药品性能安全检查	(1) 检查硅胶:硅胶颜色由蓝色变为白色或很淡的浅红色,或者 1/2 的药品失去蓝色时,说明药品失效	实物操作+手指口述	1 分	操作内容不正确扣 1 分	
		(2) 检查钠石灰:钠石灰颜色由粉红色变为淡黄色或粉白色,或者粒度不在 2～5 mm 之间时,说明药品失效		1 分	操作内容不正确扣 1 分	
3	气路系统安全检查	(1) 检查整机的气密性:连接吸气球胶管,堵住吸气胶管末端,捏扁吸气球→放松吸气球,若 1 min 内不还原,说明整机不漏气;反之则说明漏气,再分部位进行逐项检查和处理		2 分	操作步骤每步 1 分,每缺一步或一步不正确扣 1 分	
		(2) 检查吸气球的气密性:捏扁吸气球,掐住连接吸气球的胶管→放松吸气球,若 1 min 内不还原,说明吸气球不漏气		2 分	操作步骤每步 1 分,每缺一步或一步不正确扣 1 分	
		(3) 检查机体的气密性:拔掉仪器二氧化碳吸收管,将吸气球的胶管同检测仪吸气孔连接→堵住进气孔,捏扁吸气球→放松吸气球,若 1 min 内不还原,说明机体不漏气		3 分	操作步骤每步 1 分,每缺一步或一步不正确扣 1 分	

表 12-1(续)

序号	考试项目	操作内容与步骤	考试方式	分值	评分标准	扣分
3	气路系统安全检查	(4) 检查药管的气密性:拔开二氧化碳吸收管和水分吸收管连接管→用手分别堵住其进气孔(分两次测试),捏扁吸气球→放松吸气球,若 1 min 内不还原,说明药管不漏气	实物操作+手指口述	3 分	操作步骤每步 1 分,每缺一步或一步不正确扣 1 分	
		(5) 检查胶管的气密性:堵住吸气胶管末端→捏扁吸气球→放松吸气球,若 1 min 内不还原,说明胶管不漏气		3 分	操作步骤每步 1 分,每缺一步或一步不正确扣 1 分	
4	光路系统安全检查	按下光源按钮→通过目镜观察→旋转目镜筒,使分划板上读数清晰→确认干涉条纹清晰、完整		4 分	操作步骤每步 1 分,每缺一步或一步不正确扣 1 分	
5	仪器调零安全操作	(1) 调零准备:置仪器于新鲜空气巷道中(与待测地点温度、压力相近)→插上二氧化碳吸收管→捏、放吸气球 5～7 次		2 分	操作步骤每步 1 分,每缺一步或一步不正确扣 1 分	
		(2) 小数对零:按下微读数按钮→旋转测微手轮,使微读盘的零位刻度与指标线重合		2 分	操作步骤每步 1 分,每缺一步或一步不正确扣 1 分	
		(3) 整数对零:打开主调螺旋盖→按下光源按钮→观察目镜→旋转主调轮,选定一条黑基线与分划板的“零”位重合→盖好主调螺旋盖		3 分	操作步骤每步 1 分,每缺一步或一步不正确扣 1 分	

表 12-1(续)

序号	考试项目	操作内容与步骤	考试方式	分值	评分标准	扣分
6	瓦斯浓度检测安全操作	(1) 抽取气样:将二氧化碳吸收管出气口与便携式光学瓦斯检测仪进气孔连接→把连接在二氧化碳吸收管进气口的胶皮管伸向测点位置→确认测点位置距巷道顶板不大于300 mm、距巷道侧壁不小于200 mm→捏、放吸气球5～7次→将待测气体吸入检测仪瓦斯室	实物操作＋手指口述	5分	操作步骤每步1分,每缺一步或一步不正确扣1分	
		(2) 检测读数:按下光源按钮→观察目镜中的黑基线位置(如其恰与某整数刻度重合,则该刻度即为所测瓦斯浓度)→确认黑基线位于两整数之间时→顺时针旋转微调手轮,使黑基线退到较小的整数位置→按下微读数按钮→读取微读数盘上的小数值(精确到0.02%)→把整数与小数相加即为本次操作所测的瓦斯浓度→连续3次所测瓦斯浓度的最大值为最终瓦斯浓度的检测结果		8分	操作步骤每步1分,每缺一步或一步不正确扣1分	
		(3) 处理检测结果: ① 发现瓦斯浓度超过相关规定,立即打电话报告调度室,并根据规定责令现场人员停止工作,撤到安全地点; ② 填写瓦斯检查班报手册和检查地点的瓦斯检查记录牌,并通知现场工作人员	手指口述	8分	操作内容每项4分,每缺一项或一项不正确扣4分	

表 12-1(续)

序号	考试项目	操作内容与步骤	考试方式	分值	评分标准	扣分
7	二氧化碳浓度检测安全操作	(1) 检测瓦斯浓度：将二氧化碳吸收管出气口与便携式光学甲烷检测报警仪进气孔连接→把连接在二氧化碳吸收管进气口的胶皮管伸向测点位置→确认测点位于巷道风流断面下部的 1/5 处→捏、放吸气球 5～7 次→测取瓦斯浓度	实物操作+手指口述	5 分	操作步骤每步 1 分，每缺一步或一步不正确扣 1 分	
		(2) 检测二氧化碳与瓦斯混合气体浓度：拔下二氧化碳吸收管→将检测仪或连接在其进气孔上的胶皮管伸向同一测点位置→捏、放吸气球 5～7 次，测取同一测点混合气体浓度		6 分	操作步骤每步 2 分，每缺一步或一步不正确扣 2 分	
		(3) 计算二氧化碳浓度值： ① 用混合气体浓度减去瓦斯浓度的差，再乘以 0.955 的校正系数，计算得出测点二氧化碳浓度值； ② 采用同样的方法，在同一测点连续测 3 次，最大值为检测结果		6 分	操作内容每项 3 分，每缺一项或一项不正确扣 3 分	
		(4) 处理检测结果： ① 发现二氧化碳浓度超过 1.5%时，立即打电话报告调度室，并责令现场人员停止工作，撤到安全地点； ② 填写瓦斯检查班报手册，注明检查地点的二氧化碳检查浓度值，并通知现场工作人员	手指口述	6 分	操作内容每项 3 分，每缺一项或一项不正确扣 3 分	
8	合计			70 分		

第十三章 煤矿瓦斯爆炸事故案例分析

事故案例一 某煤矿"2·22"特别重大瓦斯爆炸事故

2009年2月22日凌晨2时17分，某煤矿井下发生瓦斯爆炸事故。当时在井下的矿工有436人，其中375人陆续升出矿井。搜救工作一直持续到2月22日18时，井下被困矿工全部找到。其中，74人死亡、114人受伤(其中重伤5人)，直接经济损失2 386.94万元。调查认定，这起事故是一起责任事故。

一、事故煤矿概况及事故经过

某煤矿于2002年正式投产，设计生产能力为400万t/a，核定生产能力为500万t/a。该矿属高瓦斯矿井，绝对瓦斯涌出量为256.43 m^3/min，相对瓦斯涌出量为33.58 m^3/t。该矿煤尘具有爆炸性。该矿属容易自燃煤层。屯兰煤矿安装有安全监控系统，但爆源处没有设置甲烷传感器。地面建有瓦斯抽采泵站，但抽采不达标(回风巷瓦斯浓度大于1%，长期超过1.5%)。

事故发生在南四盘区12403综采工作面1#联络巷。该工作面煤层厚度为4.26 m。采用综合机械化采煤方法，一次采全高，工作面长181 m，走向长2 001 m，已回采1 330 m，巷道为锚网支护。工作面绝对瓦斯涌出量为37.77 m^3/min，相对瓦斯涌出量为10.15 m^3/t。该工作面采用"二进一回"(皮带巷、轨道巷进风，尾巷回风)的通风方式，轨道进风巷与回风巷之间设有多个联络巷。1号联络巷安装有两部2×30 kW局部通风机和4台风机开关，在靠尾巷侧约6 m处设有一料石密闭墙，密闭墙上设有一个调节风窗(开 4 指宽)。如图 13-1 所示。

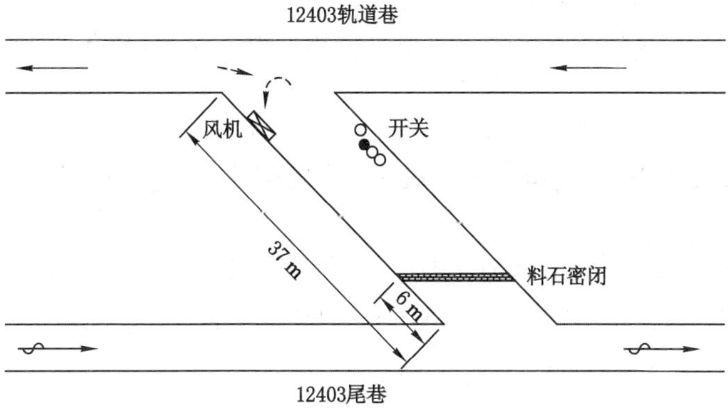

图 13-1　屯兰煤矿"2·22"特别重大瓦斯爆炸事故示意图

二、事故原因

(1) 南四盘区 12403 工作面 1# 联络巷处于微风或无风状态，造成瓦斯局部积聚达到爆炸浓度。

(2) 1# 联络巷内的电气开关失爆，引爆瓦斯。

三、综合防护措施

(1) 更新观念，转变理念，坚决杜绝电气设备失爆。

(2) 建立健全设备入井制度。对入井设备明确专人负责，并登记在册，建档管理，禁止未取得"矿用产品安全标志证书"和"防爆合格证"产品入井，禁止不完好设备入井。

(3) 加大井下电气设备防爆管理，推行机电质量标准化"隐患收购"制度。

(4) 井下每个采区或盘区至少配备 2 名专职防爆检查员，井下使用防爆电气设备的队组至少配备 3～4 名兼职防爆检查员。

(5) 严格隐患责任追究制，井下防爆电气设备实行包片检查挂牌管理，确保安全责任到人、隐患整改到人。

(6) 所有电气设备必须安设在进风流中，严禁安设在无风、微风、风流不稳定的巷道(硐室)内。

(7) 及时淘汰国家明令禁止使用的电气设备，存在安全隐患的电气设备一律不准入井。

事故案例二　某煤矿"11·28"特别重大瓦斯爆炸事故

2004 年 11 月 28 日 7 时 6 分，某煤矿发生特别重大瓦斯爆炸事故，造成 166 人死亡、45 人受伤，直接经济损失 4 165.9 万元。

一、事故原因

(一) 直接原因

位于 415 工作面顶部的 1 号联络巷与高位巷连接处封闭后，造成 1 号联络巷瓦斯积聚；积聚的瓦斯通过 1 号联络巷与运输平巷连接的交叉口及周围裂隙涌入工作面下隅角液压支架尾梁后侧区域，使该区域瓦斯积聚并达到爆炸界限；在强制放顶时，违章爆破产生明火引爆瓦斯。如图 13-2 所示。

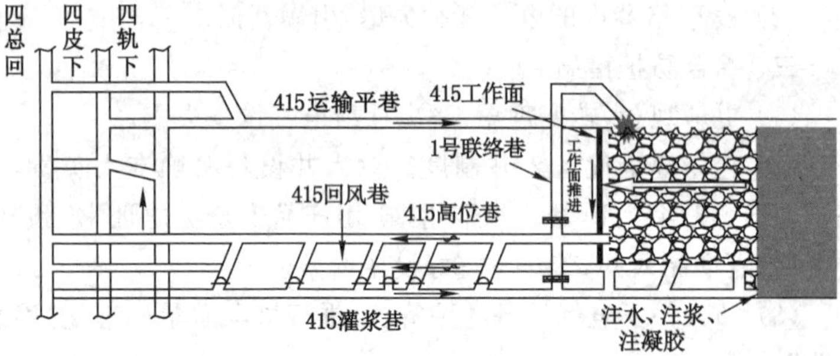

图 13-2　陈家山煤矿"11·28"特别重大瓦斯爆炸事故示意图

(二) 主要原因

(1) 陈家山煤矿工作面巷道布置不合理。

(2) 超能力生产,采掘接续严重失调。

(3) 在没有彻底消除隐患前,铜川矿务局驻矿督导组与矿领导共同研究决定恢复生产作业。

(4) 陕西煤业集团对所属企业违章生产问题未能及时制止。

(5) 陕西省煤炭工业局未认真研究和解决本省国有煤矿存在的超能力生产问题。

二、事故性质

这起事故是一起责任事故。

三、防范措施

(1) 加强通风管理,保证矿井和采区通风系统合理、可靠。

(2) 加强瓦斯抽采工作,坚持"先抽后采、先抽后掘"的原则,保证抽采效果。特别是在掘进工作面的瓦斯涌出量超过 3 m^3/min 时,首先应采取瓦斯抽采措施。

(3) 严格执行"以风定产"的原则,严禁超通风能力生产。陈家山煤矿四采区风量不足问题由来已久,矿务局必须采取措施,进行通风系统改造,增加风量,确保安全生产。

(4) 加强局部通风管理,必须配齐用好"三专两闭锁"。矿井监测系统必须正常使用,并按规定报审瓦斯监测报表。

(5) 加强机电设备管理,消灭井下电气设备失爆,严格矿灯管理,保证完好。

(6) 按照《煤矿安全规程》和《防治煤与瓦斯突出细则》的规定,每一入井人员必须携带隔离式自救器,并做好培训工作,做到台台完好、人人会用。

(7) 加强生产准备工作,采区完成准备巷道、形成完整通风系统后,再进行回采。

(8) 布置在煤层中的集中运输大巷和总回风巷采用砌碹或锚喷支护,碹后空隙和冒落处用不燃性材料填实。

事故案例三　某煤矿"11 · 4"较大煤与瓦斯突出事故

2020 年 11 月 4 日 12 时 15 分，某煤矿发生煤与瓦斯突出事故，造成 8 人死亡、13 人受伤，直接经济损失 1 732.05 万元。

一、事故单位基本情况

该煤矿位于铜川矿区东部，生产能力为 60 万 t/a，矿井瓦斯等级鉴定为低瓦斯矿井，开采煤层为自燃煤层，煤尘有爆炸危险性。

事故发生在 59 采区轨道下山下段综掘工作面。该工作面位于 59 采区皮带下山和回风下山中间，间距均为 25 m 左右；工作面煤厚为 0.8～6.05 m，平均为 3.4 m；煤层倾角平均为 10°。事故发生前，该区域巷道掘进过程中瓦斯超限频繁，煤矿制定了瓦斯防治措施，设计超前排放钻孔，孔径为 75 mm，孔深为 10 m，每循环施工 8 个钻孔。

二、事故直接原因

该煤矿 59 轨道下山下段掘进工作面处于地质变化带，瓦斯含量高，具备煤与瓦斯突出条件；该矿在工作面出现响煤炮、瓦斯忽大忽小频繁超限、片帮等动力现象后，在未认真分析、查明原因、采取有效防突措施的情况下，继续冒险组织掘进施工，综掘机割煤诱发煤与瓦斯突出，导致事故发生。

三、事故暴露出的主要问题

(1) 发生瓦斯动力现象后不进行鉴定，仍冒险组织掘进。2020 年 4 月 30 日，该矿掘进期间曾发生瓦斯动力现象，压出煤量 30～40 t；2020 年 10 月 24 日至事故发生前，事故工作面掘进过程中出现响煤炮、瓦斯忽大忽小、瓦斯浓度频繁超限等异常现象，未按照规定立即停产撤人、分析并查明原因，未按规定对煤层瓦斯压力、瓦斯含量等参数进行测定，未进行煤层突出危险性鉴定，仅采取施工钻孔的方式排放瓦斯进行防治，违章冒险组织掘进作业。

(2) 矿领导违章指挥，弄虚作假，逃避监管。事故前一班(11月4日零点班)工作面瓦斯超限报警后，带班矿领导指使瓦斯检查工将甲烷传感器移撤到进风流中。2020年10月24日至11月3日，该矿向区煤炭监控中心瞒报瓦斯超限次数，仅上报5次，实际瓦斯超限16次，并谎报超限原因是维修调试传感器、洒水降尘、接风筒、倒风机、延长监控线缆等；事发当日零点班瓦斯超限报警2次，以“钻孔释放瓦斯”和“风将风筒吹脱节”向区煤炭监控中心上报超限原因。

(3) 瓦斯治理走过场，瓦斯超前排放钻孔技术措施落实不到位。10月29日施工瓦斯排放孔4个，31日施工6个，孔径为50 mm，均未达到设计要求，其中4个孔深度也未达到设计要求；事故当班工作面仅有3个钻孔，未按要求补打瓦斯排放孔。

(4) 现场安全管理混乱，安全教育培训不到位。未严格执行矿领导入井带班制度，安排不具备带班资格的生产技术科科长作为矿级领导入井带班。通风安全设施不可靠，采用简易木板风障控制风流。特种作业人员无证上岗作业，职工应急处置能力差，事故当班工人不熟悉井下避灾路线。

(5) 地方安全监管部门履行安全监管职责不到位。驻矿安全监察员未按规定及时报告该矿存在的重大安全隐患；印台区煤炭工业局未按监管计划实施检查，未严格执行印台区政府针对乔子梁煤矿存在的问题进行挂牌督办的工作要求。

(6) 地方政府对煤矿安全监管工作重视不够。印台区政府对区煤炭工业局督促指导不够，对印台区煤炭工业局存在的煤矿重大隐患挂牌督办落实不力、监控系统升级改造缓慢等各种问题失察。

事故案例四　某煤矿立井“6·5”较大煤与瓦斯突出涉险事故

2021年6月5日，某煤矿立井发生较大煤与瓦斯突出涉险事故，突出煤量793.8 t，涌出瓦斯约1.02万m^3，造成8名矿工被困，经全力救援，被困矿工全部获救。

一、事故单位基本情况

该煤矿为国有重点煤矿，核定生产能力30万t/a，属煤与瓦斯突出矿井。

事故发生在该矿五采区三段28号煤层回采准备巷道，巷道宽为4.2 m、中高为2.5 m、长为600 m，采用锚杆、锚索联合支护。事故前该巷道已施工完毕，采取预抽回采区域煤层瓦斯区域防突措施，设计施工钻孔203个，至事故发生时正在施工第94号钻孔。

二、事故直接原因

该矿五采区三段28号煤层回采准备巷道94号顺层瓦斯抽采钻孔施工过程中，反复多次钻进，造成周边煤体坍塌，致使孔径扩大，煤体失去安全屏障保护作用，在第4次钻进过程中诱发煤与瓦斯突出。

三、事故暴露出的主要问题

（1）瓦斯抽采不到位。顺层钻孔施工期间多个钻孔出现喷孔现象，事故前瓦斯抽放管路中瓦斯浓度由5%上升为10%，但未查明原因、采取针对性的措施；未按规定针对煤层的特点和条件，试验确定工作面预测的敏感指标和临界值，瓦斯抽采效果检验不科学。

（2）现场安全管理混乱。在钻孔施工出现动力现象后，违规安排作业人员到受威胁的工作面同时作业，并违规采用套孔取钻杆方式处理夹钻。

（3）吸取事故教训不深刻。未深刻吸取该矿井2018年4月4日突出事故教训（5人死亡、5人受伤），对顺层钻孔施工重视程度不够，五采区三段顺层钻孔有16个未达到设计长度要求，5月份施工的钻孔有97%的封孔长度未达设计要求；未全面开展安全风险辨识评估，未按要求将顺层钻孔预抽回采区域、煤层瓦斯区域防突措施落实情况和突出煤层抽采钻孔施工列为重点排查内容，以常规检查替代大排查。

（4）采掘接续失调。瓦斯灾害超前治理工程滞后，造成抽采达标煤量不足，从2021年4月中旬至事故发生，该矿井下无采煤工作面。

（5）迟报事故。该起事故发生于12时0分，直至16时58分才向驻地煤矿安全监察分局报告。

（6）上级公司监督管理不到位。上级单位对该煤矿安全生产工作业务指导和监督检查不力，未及时掌握滴道立井灾害程度、钻孔施工、现场管理等情况，日常检查和大排查等活动开展不深不细；上级单位对该煤矿贯彻落实安全生产工作部署督导不到位，管理人员未正确履行职责。